卡片设计 1

卡片设计 2

车类广告之电动车

汽车广告之都市版

汽车广告之豪华版

汽车广告之旅游客车

复古型房地产广告

现代型房地产广告

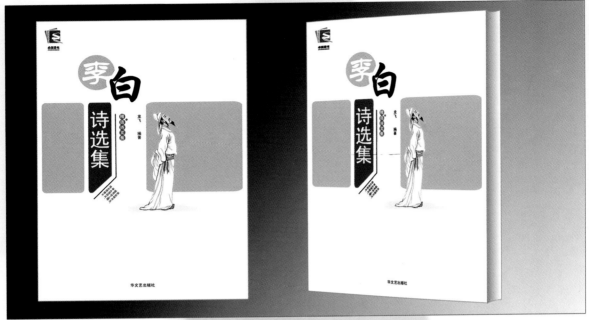

书籍封面平面与立体效果

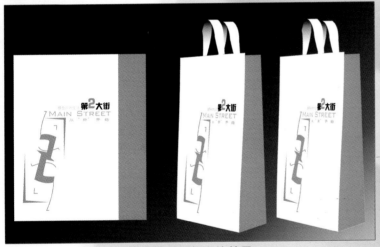

手提袋平面与立体效果

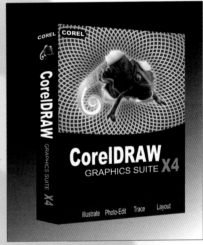

光盘包装与立体效果

巧学活用学电脑光盘主界面

从新手到高手光盘主界面

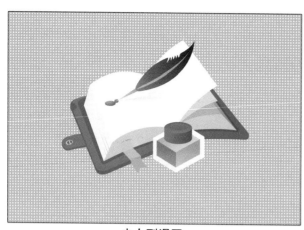

少女型漫画

实物插画之学士帽和奖状

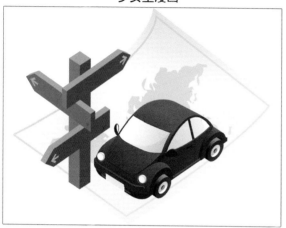

实物插画之指示标

风景插画之农家小屋

风景插画之浪漫海岸

中文版

# Illustrator

## 基础与实例全科教程

边学边练

CS3

凤 舞 主编

上海科学普及出版社

**图书在版编目（CIP）数据**

中文版Illustrator基础与实例全科教程／凤舞
主编.—上海：上海科学普及出版社，2009.1
ISBN 978-7-5427-4157-8

I. 中… II. 凤… III. 图形软件，Illustrator CS3
—教材 IV. TP391.41

中国版本图书馆CIP数据核字（2008）第149497号


策　　划　胡名正
责任编辑　胡　伟
统　　筹　徐丽萍　刘湘雯


**中文版Illustrator基础与实例全科教程**
凤　舞　主编
上海科学普及出版社出版发行
（上海中山北路832号　邮政编码200070）
http://www.pspsh.com

各地新华书店经销　　　　　　　　北京市燕山印刷厂印刷
开本787×1092　　1/16　　印张15.75　　彩插4　字数284 000
2009年1月第1版　　　　　　　　2009年1月第1次印刷

ISBN 978-7-5427-4157-8/ TP·981　　　　　　定价：28.00元
ISBN 978-7-89992-591-1（附赠多媒体教学光盘1张）

# 内 容 提 要

本书是一本 Illustrator 基础与实例相结合的教程，通过边学理论、边练实例的方式，对软件进行了详细讲解，最后通过大量商业实战作品演练，让读者快速成为设计高手。

全书共 15 章，前 7 章每章均分为边学理论和边练实例两部分，其中，边学理论部分包括初识 Illustrator CS3、绘制与变形图形、描边与填充图形、应用图层与蒙版、创建与编辑文字、添加滤镜与效果和使用符号与图表等；实例部分包括制作太阳帽、音乐世界效果、变形相框、闪亮光芒效果、都市丽人、粉红女孩、多彩花朵、儿童节海报和可爱小熊等。后面 8 章通过企业 VI、光盘界面、包装设计、房地产广告、车类广告、卡片设计和插画设计等案例，将专业和商业融为一体，向读者展现 Illustrator CS3 的核心技术与艺术的完美结合。

本书结构清晰、内容丰富，还附赠了 300 多分钟的视频文件，适合 Illustrator CS3 的初、中级读者，以及标识、卡漫、包装、产品、海报、房产等各行各业的广告设计人员等使用，也可作为各类计算机培训班、各大/中专院校、各高职高专学校的平面设计教材。

 前　言

### 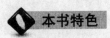 软件简介

中文版 Illustrator CS3 是 Adobe 公司开发的一款功能强大的矢量图形绘制软件，它集图像处理、文字编辑和高品质输出于一体，现已被广泛应用于各类热门设计领域中，如企业 VI、光盘界面、包装设计、房地产广告、车类广告、卡片设计、插画设计等，是目前世界上最优秀的矢量绘图软件之一。

### 本书内容

本书共 15 章，通过理论与实践相结合，全面详细、由浅入深地介绍了中文版 Illustrator CS3 的各项功能，让读者的实战能力更上一层楼。

全书站在读者的立场上，共分为三大部分：边学基础、边练实例和商业实战。

第一部分："边学基础"部分注重基础知识的引导，让读者没有压力，轻松从零开始学起。本部分内容主要包括了解 Illustrator CS3 工作界面、绘制与变形图形、描边与填充图形、应用图层与蒙版、创建与编辑文字、添加滤镜与效果和使用符号与图表等，让读者快速掌握 Illustrator 的基础知识及该软件的核心技术与精髓。

第二部分："边练实例"部分注重精华内容的操练，以实战为主，锻炼读者的实际操作能力。本部分通过练习制作太阳帽、音乐世界效果、变形相框、闪亮光芒效果、都市丽人、粉红女孩、多彩花朵、儿童节海报和可爱小熊等实例，让读者在实践中巩固理论知识，快速提升制作与设计能力。

第三部分："商业实战"部分注重读者在职场的实际应用，使读者掌握各类平面设计知识，技压群雄。本部分通过企业 VI、光盘界面、包装设计、房地产广告、车类广告、卡片设计、插画设计等商业领域的各种案例，将专业和商业融为一体，涵盖了实际商业设计中的各个领域，向读者展现 Illustrator CS3 的核心技术与平面造型艺术的完美结合。

### 本书特色

本书与市场上其他同类书籍相比，具有以下特色：

（1）新手易学

本书内容明确定位于初学者，书中内容完全从零开始，遵循读者的学习心理，进行由浅入深的讲解，让读者易懂、易学。

（2）边学边练

本书最大的特色是边学边练，通过"边学基础"掌握理论知识，然后通过"边练实例"达到对该软件的熟练运用，最后通过商业实战演练使读者成为设计高手。

（3）视频教学

本书将"商业实战"的大型实例都录制了视频，共 25 个，长达 300 多分钟，为读者提供了更好的学习手段，使读者学有所成。

## ◆ 适合读者

本书语言简练、图文丰富，适合以下读者使用：

第一类：初级人员——电脑入门人员，在职及求职人员，各类退休人员，大中专院校、高职高专学校、社会培训学校的学生等。

第二类：工作人员——报纸、杂志、汽车、房产、卡片、CI、DM 和插画等各行各业的广告设计人员。

## ◆ 售后服务

本书由凤舞主编，由于编写时间仓促，书中难免有疏漏与不妥之处，欢迎广大读者来信咨询和指正，联系网址：http://www.china-ebooks.com。

## ◆ 版权声明

本书内容所提及并采用的公司及个人名称、优秀产品创意、图片和商标等，均为所属公司或个人所有，本书引用仅为说明（教学）之用，绝无侵权之意，特此声明。

编　者

2008 年 10 月

# 目录
## Contents

# 第 *1* 章 初识 Illustrator CS3

Illustrator CS3 是 Adobe 公司开发的、基于矢量图形的平面制作和处理软件，它集图形设计、文字编辑和高品质输出于一体，功能十分强大。本章将介绍 Illustrator CS3 的应用范围及其工作界面等知识。

## 1.1 边学基础

Illustrator CS3 是全球应用最为广泛的矢量绘图软件之一，以其强大的功能和美观的界面占据了全球矢量编辑软件市场的大部分份额。

### 1.1.1 Illustrator CS3 的应用范围

Illustrator 主要应用于平面设计，而平面设计的范围非常广，种类也非常多，在我们的生活、工作和学习环境中随处可见，已经逐渐成为人类生活中不可缺少的一部分。Illustrator CS3 的应用范围涉及企业形象系统设计、包装设计、UI 设计、广告设计、插画设计和卡漫设计等多个领域。

#### 1. 企业形象系统设计

一般来说，企业形象系统 (CI) 由 3 个要素构成，即理念识别系统 (Mind Identity System，简称 MI)、行为识别系统 (Behavior Identity System，简称 BI) 和视觉识别系统 (Visual Identity System，简称 VI)。这 3 个要素既各自发挥作用，又相辅相成，并最终融为一个有机的整体。

其中，VI 是以企业标识、标准字体、标准色彩为核心而展开的、完整系统的视觉传达体系，它将企业理念、文化特质、服务内容、企业规范等抽象语意转换成具体概念符号，塑造出独特的企业形象。

VI 设计系统包括企业标识、标准字体、标准色彩、办公事务用品、行政事务用品、广告宣传用品和交通工具等，如图 1-1 所示。

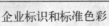

企业标识和标准色彩

标准字体

图 1-1 企业形象系统设计

#### 2. 包装设计

现代包装具有多种功能，其中最主要的功能有 3 种：对商品的保护功能、使用者的便利功能、商品自身的展示功能。包装是集合总体，其分类方式很多，最常见的分类有两种：一种是按包装物内容来分，可分为食品包装、医药包装、化妆品包装、纺织包装、玩具包装、文化用品包装、电器包装和五金包装等；另一种是按包装材料分类，可分为塑料包装、纸包装、金属包装和木制包装等，如图 1-2 所示。

### 3. UI 设计

在 UI 设计中，产品造型要具有科技性、时尚性和简洁性，其设计要先从整体着手，再对细节和局部进行细致加工，如图 1-3 所示。

纸包装　　　　　　　　　木制包装　　　　　　　　　显示器　　　　　　MP3

图 1-2　包装设计　　　　　　　　　　　　　　图 1-3　UI 设计

### 4. 广告设计

广告设计是平面设计中应用最广泛的领域之一。广告的种类也非常多，按照广告性质来分类，主要包括非商业性广告和商业性广告；按媒介物来分类，可以分为报纸广告、网络广告、户外广告、DM 广告和样本广告等。

报纸广告的优势是发行量大、受众稳定、信息量大、可信度高、易于保存、便于阅读、时效性强、传播迅速；网络广告的优势是制作成本低、速度快、更改灵活，同时还具有交互性和纵深性，拥有最具活力的消费群体；户外广告是具有典型代表性的广告类型，它以最简单、最直观的形式起到标识和宣传的作用；DM 广告的特点是可控制性强、传递快、信息反馈迅速，形式灵活、制作简单；样本广告的特征是介绍充分、内容详尽、印刷精美、图文并茂、受众明确、传播面广，如图 1-4 所示。

### 5. 插画设计

在进行插画设计时，可以充分运用绘画中的色彩构成，表现手法可以多样化。插画设计常用于一些国画艺术、产品艺术和出版物等，如图 1-5 所示。

房地产广告　　　　　　　化妆品广告　　　　　　　人物插画　　　　　　风景插画

图 1-4　广告设计　　　　　　　　　　　　图 1-5　插画设计

#### 6．卡漫设计

卡通漫画是一种活泼可爱的生活艺术表现形式，对于广大的青少年有很大的吸引力，绘制卡通类漫画不需要太复杂的操作，所需要的仅是一定的空间透视能力和良好的耐心。卡通的表现没必要在形态上进行过分的追求，只要能通过画面表达出一定的含义即可，如图 1-6 所示。

人物漫画　　　　　动物漫画

图 1-6　卡漫设计

### 1.1.2　位图与矢量图

在计算机图形学中，根据构图原理的不同，可以将图像分为两大类：用数学方法绘制出的矢量图和基于像素的位图。了解这两类图像的区别，对学习 Illustrator CS3 是很有必要的。

#### 1．位图

位图通常又称点阵图，它是由许多小方格形状的色块组成的图像，其中的小色块称为像素，而每个像素都有一个明确的颜色。

像素的数量决定了文件的分辨率，分辨率越高，像素点就越多，图像就越清晰。位图的图像格式能够真实地模拟现实生活中的色彩，但是高分辨率的位图图像文件很大，因而计算机处理起来速度较慢。另外，位图放大后会失真，例如，把一张显示比例为 100%的位图放大至 800%时，图像就会呈现类似"马赛克"的锯齿状而且模糊不清，效果如图 1-7 所示。

#### 2．矢量图

矢量图形也可叫向量图形，它是由线构成的，与分辨率无关，可以将它缩放至任意大小，依然能保持很高的清晰度，不会出现边缘呈锯齿状的现象。在任何分辨率下显示或打印矢量图形，都不会损失细节，因此矢量图形在标志设计、插图设计及工程绘图方面占有很大的优势，如图 1-8 所示。

放大前　　　　　　放大后　　　　　　放大前　　　　　放大后

图 1-7　位图图像放大前后的效果对比　　　图 1-8　矢量图形放大前后的效果对比

### 1.1.3　常用文件格式

Illustrator CS3 支持多种文件格式，包括 AI、PSD、JPEG、BMP、TIFF、GIF 和 SWF 等格式。在工作中可以根据实际需要选择不同的文件格式。了解各种文件格式的功能和用途，将有助于读者对图像进行编辑、保存和转换等。

### 1. AI

AI 是 Adobe Illustrator 的专用格式，现已成为业界矢量图的标准，可以在 Illustrator、CorelDRAW 和 Photoshop 中打开并进行编辑。在 Photoshop 中打开时，矢量图形将转换为位图。

### 2. PSD

PSD 格式是 Adobe 公司的图像处理软件 Photoshop 专用的格式，它可以保存图层、通道和颜色模式等信息。由于它保存的信息较多，所以生成的文件也较大。PSD 格式的文件在 Illustrator 和 Photoshop 软件中交换使用时，图层和文本等都保持可编辑性。

### 3. JPEG

JPEG 也是一种常见的图像格式（JPEG 文件的扩展名为.jpg 或.jpeg），它采用有损压缩的方式去除冗余的图像和彩色数据，在获得极高压缩率的同时又能展现较为生动的图像，压缩技术十分先进。

### 4. BMP

BMP 是英文 Bitmap（位图）的简写，它是 Windows 操作系统中的标准图像文件格式，能够被多种 Windows 应用程序所支持。这种格式的特点是包含的图像信息较丰富，几乎不进行压缩，但也由此导致了它与生俱来的缺点——占用磁盘空间过多。

### 5. TIFF

TIFF 格式是由 Aldus Acrobat 生成的文件格式，它以 PostScript Level 2 语言为基础，可以保存多页信息，包含矢量图形和位图图像，并支持超链接，因此该文件格式主要用于网络下载。

### 6. GIF

GIF 是英文 Graphics Interchange Format（图形交换格式）的缩写，它的特点是压缩比高，磁盘空间占用少，所以这种图像格式迅速得到广泛应用。最初的 GIF 只是简单地用来存储单幅静止图像，后来随着技术的发展，可以同时存储若干幅静止图像进而形成连续的动画，使之成为支持 2D 动画为数不多的格式之一。

GIF 格式也有它自身的缺点，即不能存储超过 256 色的图像。尽管如此，这种格式仍在网络上广受欢迎，这和 GIF 图像文件短小、下载速度快、可用许多具有同样大小的图像文件组成动画等优点是分不开的。

### 7. SWF

SWF 格式是基于矢量的格式，被广泛地应用于 Flash 中，Illustrator 中创建的图形可以输出为 SWF 的文件，作为单独的文件或动画中的一个单独帧。

SWF 格式的动画能够用比较小的数据空间来表现丰富的多媒体形式。在图像传输时，不必等到文件全部下载完成才能观看，而是可以边下载边观看，因此很适合网络传输，特别是在传输速率不佳的情况下，也能取得较好的效果。

## 1.1.4 图像颜色模式

颜色模式是使用数字描述颜色的方式。无论是屏幕上显现的颜色还是印刷颜色，都是模拟自然界的颜色，模拟色的范围远远小于自然界的颜色范围。同是作为模拟颜色，屏幕颜色和印刷颜色并不完全匹配，印刷颜色的颜色范围也远远小于屏幕的颜色范围。

Illustrator 支持多种颜色模式，如 RGB、CMYK、HSB、HLS、Lab 和灰度模式等，其中比较常用的有 RGB、CMYK 和灰度模式。

### 1. RGB 模式

RGB 模式是一种最常用的颜色模式，它是一种加色模式。在 RGB 模式下处理图像比较方便，而且比 CMYK 图像文件要小得多，可以节省更多的磁盘存储空间。

RGB 颜色模式由红、绿、蓝 3 种原色构成，R 代表红色、G 代表绿色、B 代表蓝色。它们的取值都为 0～255 之间的整数。例如，R、G、B 均取最大值 255 时，叠加起来会得到纯白色；而当所有取值都为 0 时，则会得到纯黑色。

RGB 图像通过 3 种颜色或通道，可以生成多达 1 670 万种颜色，在 8 位通道的图像中，这 3 个通道转换为每像素 24（8×3）位的颜色信息。在 16 位/通道的图像中，这些通道转换为每像素 48 位的颜色信息，具有重新生成更多颜色的能力。

### 2. 灰度模式

灰度模式可以使用多达 256 级灰度来表示图像，使图像的过渡更加平滑、细腻。图像的每个像素都包含一个 0～255 之间的亮度值。灰度值也可以用黑色油墨覆盖的百分比来表示，所以说在灰度模式中，亮度是唯一能够影响灰度图像的因素。

在 Illustrator 中，可以使用灰度模式将彩色图形转换为高品质的黑白图形，这时 Illustrator 将舍弃原图中的所有颜色信息，而采用灰度级来表示原来图形上色彩的亮度。

### 3. CMYK 模式

CMYK 模式是一种印刷模式，它是一种减色模式。CMYK 模式由 4 种颜色构成，C 代表青色、M 代表品红、Y 代表黄色、K 代表黑色。

CMYK 模式的每一种颜色所占的百分比范围为 0～100%，百分比越高，颜色越深。新建的 Illustrator CS3 图像默认模式为 CMYK。

CMYK 模式色彩混合如下：

- ➲ 青色和洋红色：全亮度的青色和洋红色混合形成蓝色，如图 1-9 所示。
- ➲ 洋红色和黄色：全亮度的洋红色和黄色混合形成鲜红色，如图 1-10 所示。

图 1-9　青色和洋红色混合形成蓝色

图 1-10　洋红色和黄色混合形成鲜红色

&#10137;　黄色和青色：全亮度的黄色和青色混合形成鲜绿色，如图 1-11 所示。

&#10137;　青色、洋红色和黄色：全亮度的青色和洋红色及黄色混合形成褐色，如图 1-12 所示。

图 1-11　黄色和青色混合形成鲜绿色　　图 1-12　青色、洋红色及黄色混合形成褐色

&#10137;　黑色：任何颜色添加黑色后都将变暗。

### 4．HSB 模式

HSB 模式也是一种较为常见的颜色模式。H 指色相，为物体反射光波的度量单位；S 指饱和度，有时也叫彩色像素，是颜色的光亮度或纯度，饱和度表示了色相比例中包含灰色的数量；B 指亮度，表示颜色的光强度。

### 1.1.5　认识 Illustrator CS3 工作界面

安装完 Illustrator CS3 后，单击"开始"|"所有程序"|Adobe Design Premium CS3|Adobe Illustrator CS3 命令，即可运行该软件。

Illustrator CS3 的工作界面与 Photoshop 的工作界面非常相似，默认情况下，工作界面中将显示常用的面板和工具箱。在 Illustrator CS3 的工作界面中打开一个文件后，其界面窗口及各部分名称如图 1-13 所示。

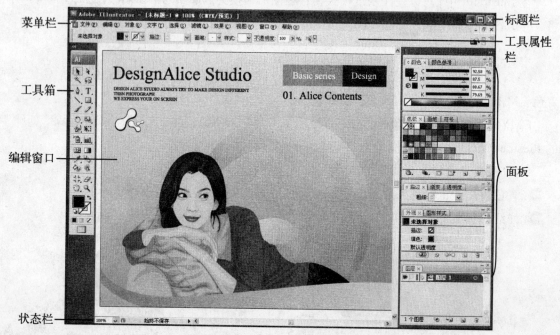

图 1-13　Illustrator CS3 的界面组成

## 1. 标题栏

Illustrator CS3 的标题栏中包括了 Illustrator CS3 的程序图标、程序名称、文件名称以及窗口控制按钮等。单击 Illustrator CS3 图标 时，将弹出工作界面的控制菜单，通过该菜单可以控制工作界面的位置、大小以及关闭应用程序等。双击 Illustrator CS3 图标 ，可以关闭应用程序。

标题栏右端是"最小化" 、"最大化" （或"向下还原" ）和"关闭" 按钮。使用这些按钮，可以将工作界面最小化、最大化（还原）或关闭。

## 2. 菜单栏

菜单栏是 Illustrator CS3 中的重要部分，很多重要的操作都是通过该部分来实现的。其中包括 10 个菜单，在每个菜单中包含了一系列的菜单命令，在使用菜单命令时，要先选定目标对象，然后再执行相应的命令。

用户在使用菜单命令时，需要注意以下几点：

- 菜单命令呈灰色：表示该命令在当前状态下不可用。
- 菜单命令后有黑色小三角图标：表示该菜单命令还有级联菜单。
- 菜单命令后有快捷键：表示按该快捷键，可快速执行该命令。
- 菜单命令后有省略号：表示单击该菜单命令后，系统将打开与之相对应的对话框。

## 3. 工具属性栏

Illustrator CS3 的工具属性栏的功能非常强大，如在使用工具箱中的矩形工具绘制图形时，可在其工具属性栏中设置所要绘制图形的颜色、描边粗细及画笔笔触等相关属性。另外，在使用选择工具在图形窗口中选择某一图形时，该图形的填充、描边、描边粗细、画笔笔触等属性也将显示在工具属性栏中，并且还可以使用工具属性栏对所选择的图形进行修改。

## 4. 工具箱

启动 Illustrator CS3 后，默认状态下，工具箱是嵌入在屏幕左侧的，用户可以根据需要将其拖动到任意位置。工具箱中提供了大量具有强大功能的工具，绘制路径、编辑路径、制作图表、添加符号等都可以使用工具箱中的工具来实现。在 Illustrator CS2 的基础上，新版本优化了几个工具的功能，熟练地使用这些工具，可创作出许多精致的艺术作品。

在 Illustrator CS3 中，并不是所有工具的按钮都直接显示在工具箱中，如弧形工具、螺旋线工具、矩形网格工具和极坐标网格工具就存在于同一个工具组中。工具组中只会有一个工具直接显示在工具箱中，例如，当前工具箱中显示矩形网格工具，那么该组的其他 4 个工具将隐藏在工具组中。

另外，在工具箱展开的工具组中单击右侧的"拖出"按钮，则该工具组将以浮动工具条状态显示，这样就可以在工作界面中自由放置该工具组。展开后的工具箱如图 1-14 所示。

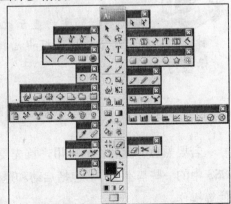

图 1-14 展开后的工具箱

### 5．面板

默认情况下，面板嵌入在工作界面的右侧，用户可以通过拖曳面板使其浮动在工作界面中，通过单击"窗口"菜单中相应的命令，可以显示或隐藏面板。

> 按【Tab】键，可隐藏或显示面板、工具箱和工具属性栏；按【Shift＋Tab】组合键，可隐藏或显示工具箱和工具属性栏以外的其他面板。
>
> 若要将隐藏的工具箱或面板暂时显示，只需将鼠标指针移至应用程序窗口边缘的灰色条上，工具箱或面板组将自动弹出。

### 6．编辑窗口

编辑窗口是创建和编辑图形的区域，可以配合使用工具、面板和菜单命令等来创建和处理文件。编辑窗口、工具箱、折叠面板和工具属性栏等元素的组合称为工作区，可以针对在其中执行的任务对工作区进行自定义。例如，可以创建一个用于编辑的工作区以及另一个用于查看的工作区，存储这两个工作区，并在工作时进行切换。可随时通过在"窗口"|"工作区"的级联菜单中选择默认选项来恢复默认工作区。

### 7．状态栏

状态栏位于工作界面的底部、水平滚动条的左侧。默认状态下，状态栏中会显示当前文档的显示比例。如果用户需要更改状态栏中显示的信息内容，可以在状态栏中单击图标，在弹出的下拉菜单中选择"显示"选项，再从弹出的级联菜单中选择需要显示的信息，如图1-15所示。

图1-15　选择要显示的信息选项

> 在状态栏的文档显示比例下拉列表框中输入显示比例，并按【Enter】键，或直接在该下拉列表框中选择所需的显示比例数值，即可改变当前文档的显示比例。

## 1.2　边学实例

若要熟悉一款软件的应用，首先要了解该软件的一些基本知识。本节将介绍 Illustrator CS3 中的一些基本操作，包括启动和退出 Illustrator CS3、新建和打开文件以及保存和关闭文件等操作。

### 1.2.1 启动和退出 Illustrator CS3

要启动 Illustrator CS3，首先要安装该软件，安装完毕后，在"所有程序"的级联菜单中，系统将自动添加 Illustrator CS3 程序。下面向读者介绍启动和退出 Illustrator CS3 的方法。

#### 1．启动 Illustrator CS3

启动 Illustrator CS3 的方法主要有 3 种，分别如下：

⊃ 双击 1：在桌面上的 Illustrator CS3 快捷方式图标 上双击鼠标左键。

⊃ 双击 2：双击电脑中任意一个扩展名为.ai 的文件。

⊃ 命令：单击"开始"丨"所有程序"丨Adobe Design Premium CS3丨Adobe Illustrator CS3 命令，如图 1-16 所示。

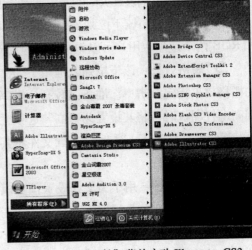

图 1-16　从"开始"菜单启动 Illustrator CS3

#### 2．退出 Illustrator CS3

退出 Illustrator CS3 主要有以下 3 种方法，分别如下：

⊃ 按钮：单击 Illustrator CS3 标题栏右侧的"关闭"按钮 。

⊃ 命令：单击"文件"丨"退出"命令。

⊃ 快捷键：按【Alt＋F4】组合键。

### 1.2.2 新建和打开文件

启动 Illustrator CS3 后，必须先新建图形文件或打开已有的图形文件，然后才能进行相应的绘制与编辑操作。

#### 1．新建文件

在 Illustrator CS3 中，新建文件的方法主要有两种，分别如下：

⊃ 命令：单击"文件"丨"新建"命令。

⊃ 快捷键：按【Ctrl＋N】组合键。

执行以上任何一种操作，都会弹出"新建文档"对话框，如图 1-17 所示。从中设置好各参数后，单击"确定"按钮，即可新建一个文件。

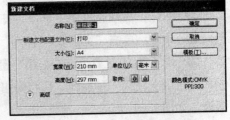

图 1-17　"新建文档"对话框

在"新建文档"对话框中单击"高级"左侧的 按钮，展开"高级"选项区，此时的对话框如图 1-18 所示。

"新建文档"对话框中主要选项的含义如下：

⊃ 名称：用于定义新建文件的名称。

⊃ 大小：在该下拉列表框中有多种常用尺寸供用户选择。

⮩ 宽度、高度：从中输入数值，可自定义新建页面的大小。

⮩ 单位：单击右侧的 ⌄ 按钮，在弹出的下拉列表中包括 pt、派卡、英寸、毫米、厘米等单位，用户可根据需要选择合适的单位。

⮩ 取向：用来设置页面的显示方向，单击相应按钮就可以将页面方向设置为横向或纵向。

⮩ 颜色模式：该下拉列表框中包括 CMYK和 RGB 两个选项，用户可以根据需要进行选择。

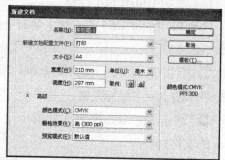

⮩ 栅格效果：该下拉列表框用于为文档中的栅格效果指定分辨率。准备以较高分辨率输出到高端打印机时，将其设置为"高"选项尤为重要。系统默认情况下，"打印"配置文件将其设置为"高"。

⮩ 预览模式：用于为文档设置预览模式。　图 1-18　展开高级选项后的"新建文档"对话框

"默认值"模式在矢量视图中以彩色显示在文档中创建的图稿，放大或缩小时，将保持曲线的平滑度；"像素"模式显示具有栅格化外观的图稿，它不会对内容进行栅格化，而是显示模拟的预览，就像内容是栅格一样；"叠印"模式提供油墨预览，模拟混合、透明和叠印在分色输出中的显示效果。

在新建一个文件时，按【Ctrl＋Alt＋N】组合键，可快速新建文件，而不会打开"新建文档"对话框。

### 2. 打开文件

在 Illustrator CS3 中打开文件的方法有 3 种，分别如下：

⮩ 图标：在欢迎界面中单击"打开"图标。

⮩ 命令：单击"文件"|"打开"命令。

⮩ 快捷键：按【Ctrl＋O】组合键。

执行以上任何一种操作，都将弹出"打开"对话框，如图 1-19 所示。

"打开"对话框中主要选项的含义如下：

⮩ 查找范围：在该下拉列表框中可以选择要打开的文档所在的文件夹。

⮩ 文件名：该下拉列表框用于显示所打开文件的名称。

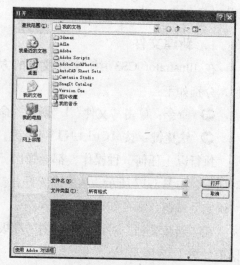

图 1-19　"打开"对话框

⮩ 文件类型：在该下拉列表框中可以选择要打开文件的类型。若选择"所有格式"选项，则全部文件都会显示在上方的列表中。

在"打开"对话框的下方，可以通过所选图形的缩略图预览文件，并查看图形的大小。

### 1.2.3 保存和关闭文件

用户新建或编辑图像文件后，需对文件进行保存或关闭等操作，下面将介绍保存和关闭文件的方法。

#### 1. 保存文件

在 Illustrator CS3 中保存文件的方法主要有 4 种，分别如下：

○ 命令 1：单击"文件"|"存储"命令。

○ 命令 2：单击"文件"|"存储为"命令。

○ 快捷键 1：按【Ctrl＋S】组合键。

○ 快捷键 2：按【Ctrl＋Shift＋S】组合键。

若当前文件没有被保存过，则执行以上任何一项操作，都会弹出"存储为"对话框，如图 1-20 所示。

"存储为"对话框中主要选项的含义如下：

○ 保存在：在该下拉列表框中选择需要保存文件的位置。

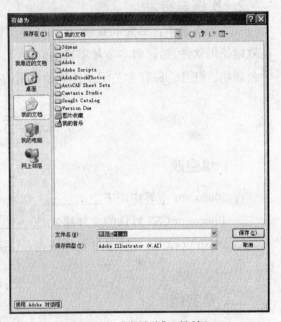

图 1-20 "存储为"对话框

○ 文件名：在该下拉列表框中设置文件的存储名称。

○ 保存类型：在该下拉列表框中选择所需存储的文件的格式。

#### 2. 关闭文件

在 Illustrator CS3 中关闭文件的方法主要有 4 种，分别如下：

○ 命令：单击"文件"|"关闭"命令。

○ 快捷键 1：按【Ctrl＋W】组合键。

○ 快捷键 2：按【Ctrl＋F4】组合键。

○ 按钮：单击标题栏右侧的"关闭"按钮✕。

按【Ctrl＋Alt＋W】组合键，可关闭已打开的多个文件。

# 课 堂 总 结

### 1．基础总结

Illustrator 主要应用于平面设计，而平面设计的范围非常广，包括企业形象系统设计、包装设计、UI 设计、广告设计、插画设计和卡漫设计等。

通过对本节基础理论的学习，读者可了解到 Illustrator 的应用范围和平面设计的相关知识，并熟悉 Illustrator CS3 的常用格式以及颜色模式等，为以后使用 Illustrator CS3 设计作品奠定基础。

### 2．实例总结

"工欲善其事，必先利其器"，要创作出优秀作品，首先要熟悉软件的基本操作，以便高效地使用软件。通过对本节基本实例的学习，读者可掌握启动与退出 Illustrator CS3 的方法，学会新建、打开、保存和关闭文件等最常用的操作。

# 课 后 习 题

### 一、填空题

1．Illustrator 主要应用于_____领域。

2．Illustrator CS3 默认的文件格式是_____格式。

3．Illustrator CS3 支持多种文件格式，包括：_____、_____、_____、_____、TIFF、GIF 和_____等。

### 二、简答题

1．简述 Illustrator CS3 常用的图像颜色模式有哪几种。

2．简述 Illustrator CS3 工作界面的组成部分。

### 三、上机题

1．新建 A4 大小的文档。

2．练习保存和关闭文件。

# 第 2 章 绘制与变形图形

在 Illustrator 中，创作任何一幅作品都需要从绘制基本图形开始，如绘制点、线、网格等。只有了解并掌握 Illustrator CS3 中基本绘图工具的用法、特性和作用，才能绘制出精美的作品。使用工具箱中的基本绘图工具，可以绘制出各种各样的图形、图标和图案等。本章将对常用绘图工具的使用方法进行详细介绍。

## 2.1 边学基础

要想用 Illustrator 绘制作品，就需要用到 Illustrator 中提供的各种绘图工具，如矩形工具、圆角矩形工具、星形工具、多边形工具、椭圆工具等。使用这些工具绘制出简单的图形后，进行编辑和变形，就可以轻松得到所需的复杂图形。

### 2.1.1 使用线形工具

线形工具是较简单、较常用的绘图工具之一，它在绘制过程中不需要进行编辑和修改。

#### 1. 直线段工具

使用直线段工具 可以绘制出任意长度或角度的直线段、围绕某点旋转的多条直线段或以某点为中心向两端延伸的直线段。

双击工具箱中的直线段工具，弹出"直线段工具选项"对话框，如图 2-1 所示。

图 2-1 "直线段工具选项"对话框

"直线段工具选项"对话框中主要选项的含义如下：

- 长度：用于设置线段的长度。
- 角度：用于设置线段的倾斜角度。
- 线段填色：选中该复选框，可以为绘制的线段填充颜色。

选取工具箱中的直线段工具，在图形中需要绘制直线的位置按住鼠标左键并拖动鼠标，至适当位置后释放鼠标，即可绘制直线。采用与上面同样的方法绘制其他直线，效果如图 2-2 所示。

#### 2. 弧形工具

使用弧形工具 可以绘制任意的弧形和弧线，其绘制方法与直线段的绘制方法类似。双击工具箱中的弧形工具，弹出"弧线段工具选项"对话框，如图 2-3 所示。

"弧线段工具选项"对话框中主要选项的含义如下：

- X 轴长度：用于设置绘制弧线的宽度。
- Y 轴长度：用于设置绘制弧线的高度。
- 类型：用于选择路径的类型。
- 基线轴：用于指定弧线的方向。

○ 斜率：用于设置弧线斜面的方向。

○ 弧线填色：选中该复选框，可以为所绘制的弧线或弧形填充颜色。

选取工具箱中的弧线段工具，在图像编辑窗口中需要绘制弧线的位置按住鼠标左键并拖动鼠标，至适当的位置后释放鼠标，即可绘制出弧线段，在属性栏中设置描边为白色。采用与上面同样的方法绘制其他弧线，效果如图 2-4 所示。

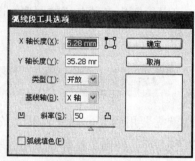

图 2-2　绘制直线　　　　图 2-3　"弧线段工具选项"对话框　　　图 2-4　绘制弧线

### 3．螺旋线工具

使用螺旋线工具 可以绘制顺时针或逆时针的螺旋线。选取工具箱中的螺旋线工具，在编辑窗口中单击鼠标左键，将弹出"螺旋线"对话框，如图 2-5 所示。

"螺旋线"对话框中主要选项的含义如下：

○ 半径：用于设置从螺旋线中心至螺旋线上某点的距离，数值越大，距离越大。

○ 衰减：用于设置螺旋线的每一个螺旋相对于上一螺旋应减少的量。

○ 段数：用于设置螺旋线的段数。

○ 样式：在该选项区中可以选择螺旋样式，有逆时针和顺时针两种。

在"螺旋线"对话框中设置好相应的选项后，单击"确定"按钮，即可绘制出指定的螺旋线，在属性栏中设置描边为白色，效果如图 2-6 所示。

### 4．矩形网格工具

使用矩形网格工具 可以绘制矩形网格。选取工具箱中的矩形网格工具，并在图像编辑窗口中单击鼠标左键，将弹出"矩形网格工具选项"对话框，如图 2-7 所示。

在"矩形网格工具选项"对话框中设置好相应的选项参数后，单击"确定"按钮，即可绘制出指定大小的矩形网格，效果如图 2-8 所示。

### 5．极坐标网格工具

使用极坐标网格工具 ，可以绘制椭圆或正圆形极坐标网格。选取工具箱中的极坐标网格工具，在图像编辑窗口中单击鼠标左键，将弹出"极坐标网格工具选项"对话框，如图 2-9 所示。

在"极坐标网格工具选项"对话框中设置好相应的选项参数后，单击"确定"按钮，即可绘制出指定大小的极坐标网格，填充相应颜色后的效果如图 2-10 所示。

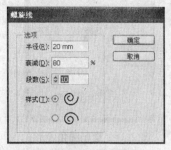

图 2-5  "螺旋线"对话框

图 2-6  绘制螺旋线

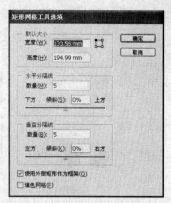

图 2-7  "矩形网格工具选项"对话框

图 2-8  绘制矩形网格

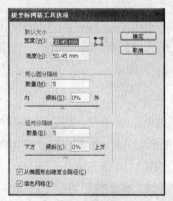

图 2-9  "极坐标网格工具选项"对话框

图 2-10  绘制极坐标网格

## 2.1.2  使用几何图形工具

使用几何图形工具可以绘制出各种常见的几何图形。几何图形工具包括矩形工具 ▯、圆角矩形工具 ▯、椭圆工具 ◯、多边形工具 ◯、星形工具 ☆ 和光晕工具 ▧，下面将对这几种工具的使用方法进行详细介绍。

### 1．矩形工具

使用矩形工具 ▯ 可以绘制矩形或正方形。选取工具箱中的矩形工具，在编辑窗口中单击鼠标左键，弹出"矩形"对话框，如图 2-11 所示。

在"矩形"对话框中，用户可以设置所需的宽度和高度，设置完成后，单击"确定"按钮，即可绘制指定大小的矩形。采用与上面同样的方法绘制其他矩形，并填充相应的颜色，效果如图 2-12 所示。

图 2-11  "矩形"对话框

### 2．圆角矩形工具

使用圆角矩形工具 ▯ 可以绘制圆角矩形或圆角正方形。选取工具箱中的圆角矩形工具，在图像编辑窗口中单击鼠标左键，弹出"圆角矩形"对话框，如图 2-13 所示。

在"圆角矩形"对话中设置好相应的参数后，单击"确定"按钮，绘制出指定大小的圆角矩形，填充相应的颜色，然后多次单击"对象"|"排列"|"后移一层"命令，调整其叠放顺序后，效果如图 2-14 所示。

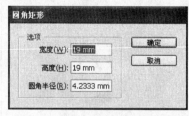

图 2-12　绘制矩形　　　　图 2-13　"圆角矩形"对话框　　　图 2-14　绘制圆角矩形

### 3. 椭圆工具

使用椭圆工具 ⬭ 可以绘制椭圆和正圆。选取工具箱中的椭圆工具，按住【Shift】键，再在图像编辑窗口中按住鼠标左键并拖动鼠标，即可绘制一个正圆，为其填充相应的颜色，并调整图形的叠放顺序，效果如图 2-15 所示。

### 4. 多边形工具

使用多边形工具 ⬡ 可以绘制规则的多边形。选取工具箱中的多边形工具，在图像编辑窗口中按住鼠标左键并拖动鼠标，即可绘制一个多边形。采用与上面同样的方法，绘制其他多边形，并填充相应的颜色，效果如图 2-16 所示。

　绘制正圆前　　　　　　绘制正圆后　　　　　　绘制多边形前　　　　　绘制多边形后

图 2-15　绘制正圆　　　　　　　　　　图 2-16　绘制多边形

### 5. 星形工具

使用星形工具 ☆ 可以绘制星形。选取工具箱中的星形工具，在图像编辑窗口中按住鼠标左键并拖动鼠标，即可绘制一个星形。采用与上面同样的方法绘制其他星形，并填充相应的颜色，效果如图 2-17 所示。

> 绘制星形的过程中，在释放鼠标之前，按键盘上的【↑】键或【↓】键，可以为星形添加或删除角点；按住空格键拖动鼠标，可移动星形的位置。

### 6. 光晕工具

使用光晕工具 ⚪ 可以绘制出类似透镜或日光反光的效果。选取工具箱中的光晕工具，在图像编辑窗口中按住鼠标左键并拖动鼠标，至合适大小后释放鼠标，移动鼠标指针至合适位置，再次按住鼠标左键并拖动鼠标，即可添加光晕效果，效果如图 2-18 所示。

绘制星形前　　　　　　绘制星形后　　　　　　添加光晕效果前　　　　添加光晕效果后

图 2-17　绘制星形　　　　　　　　　　　图 2-18　添加光晕效果

## 2.1.3　使用自由画笔工具

使用自由画笔工具组中的工具，可以绘制各种图形。自由画笔工具组中的工具包括铅笔工具 ✏、平滑工具 ✏ 和路径橡皮擦工具 ✏。下面将对这些工具的使用方法进行详细介绍。

### 1. 铅笔工具

使用铅笔工具 ✏ 可以绘制出各种形状和宽度的线条或路径，也可以绘制出封闭的路径。双击工具箱中的铅笔工具，将弹出"铅笔工具首选项"对话框，如图 2-19 所示。

选取工具箱中的铅笔工具，在图像编辑窗口中按住鼠标左键并拖动鼠标，至合适位置后释放鼠标，即可绘制所需的路径图形，如图 2-20 所示。

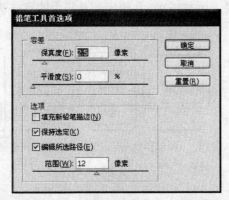

图 2-19　"铅笔工具首选项"对话框　　　图 2-20　使用铅笔工具绘制的图形

### 2. 平滑工具

使用平滑工具 ✏ 可以对路径或曲线进行平滑处理。选取工具箱中的平滑工具，在图形上需要进行平滑处理的位置按住鼠标左键并拖动鼠标，至合适位置后释放鼠标，即可完成对图形进行平滑处理的操作，效果如图 2-21 所示。

### 3．路径橡皮擦工具

使用路径橡皮擦工具，可以擦除路径的部分或全部，从而将整条线段分为多条线段或删除，效果如图 2-22 所示。

平滑处理前　　　　　　平滑处理后　　　　　　擦除路径前　　　　　　擦除路径后

图 2-21　平滑处理　　　　　　　　　图 2-22　使用路径橡皮擦工具擦除路径

### 2.1.4　使用钢笔工具

使用钢笔工具和使用铅笔工具一样可以绘制路径，并可以改变所绘制路径的形状和位置。钢笔工具组中包括钢笔工具、添加锚点工具、删除锚点工具和转换锚点工具，下面将对这些工具的使用方法进行详细介绍。

### 1．钢笔工具

使用钢笔工具可以绘制直线、曲线以及形状复杂的图形对象，如图 2-23 所示。

### 2．添加锚点工具

使用添加锚点工具可以在已绘制的路径上添加锚点，并使用工具箱中的直接选择工具对添加锚点的位置进行调整，如图 2-24 所示。

绘制开放路径　　　　　　绘制闭合路径　　　　　　添加锚点前　　　　　　添加并调整锚点后

图 2-23　使用钢笔工具绘制路径　　　　　　　　　图 2-24　添加锚点

### 3．删除锚点工具

使用删除锚点工具可以在已绘制的路径上删除多余的锚点，以降低路径的复杂度，效果如图 2-25 所示。

#### 4．转换锚点工具

使用转换锚点工具 ⌐ 可以使路径上的锚点在平滑与尖角之间进行转换，效果如图 2-26 所示。

删除锚点前　　　删除锚点后　　　　转换锚点前　　　　转换锚点后

图 2-25　删除锚点　　　　　　　图 2-26　转换锚点

### 2.1.5　使用变形工具组

要对图形对象进行变形操作，可以使用工具箱中的变形工具 、旋转扭曲工具 、缩拢工具 、膨胀工具 、扇贝工具 、晶格化工具 和皱褶工具 等，下面将分别对这些工具进行介绍。

#### 1．变形工具

使用工具箱中的变形工具 可以改变对象的形状，可以将简单的图形变为复杂的图形，它不仅对开放路径起作用，而且对闭合的路径也起作用。

选取工具箱中的变形工具，在图像编辑窗口中需要变形图形的合适位置按住鼠标左键并拖动鼠标，至合适位置后释放鼠标，即可变形图形，效果如图 2-27 所示。

#### 2．旋转扭曲工具

使用旋转扭曲工具 可以对图形对象进行扭曲变形。选取工具箱中的旋转扭曲工具，在需要变形的图形上按住鼠标左键，至合适效果后释放鼠标，即可旋转扭曲图形对象，效果如图 2-28 所示。

图形变形前　　　　　图形变形后　　　　　旋转扭曲前　　　　旋转扭曲后

图 2-27　使用变形工具变形图形　　　图 2-28　使用旋转扭曲工具扭曲图形

#### 3．缩拢工具

使用缩拢工具 可以改变图形对象的局部或图形内填充图案的形状，使图形对象向鼠标指针移动的位置收缩。

选取工具箱中的缩拢工具，在图形上单击鼠标左键，即可将图形缩拢，效果如图 2-29 所示。

### 4．膨胀工具

使用膨胀工具可以将图形对象从单击位置以全局画笔的大小向外扩展，效果如图 2-30 所示。

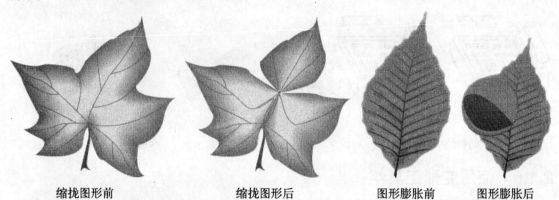

| 缩拢图形前 | 缩拢图形后 | 图形膨胀前 | 图形膨胀后 |

图 2-29　使用缩拢工具缩拢图形　　　　图 2-30　使用膨胀工具膨胀图形

### 5．扇贝工具

使用扇贝工具可以使图形对象产生许多弯曲的部分，设置的工具选项不同，产生的细节和外观也不同。

选取工具箱中的扇贝工具，在图形上按住鼠标左键并向外拖动鼠标，至合适位置后释放鼠标，即可变形图形，效果如图 2-31 所示。

### 6．晶格化工具

使用晶格化工具可以使图形对象的轮廓产生尖锐的锯齿。选取工具箱中的晶格化工具，在图形上按住鼠标左键并拖动鼠标，至合适位置后释放鼠标，即可变形图形，效果如图 2-32 所示。

| 使用扇贝工具前 | 使用扇贝工具后 | 使用晶格化工具前 | 使用晶格化工具后 |

图 2-31　使用扇贝工具变形图形　　　　图 2-32　使用晶格化工具变形图形

### 7．皱褶工具

使用皱褶工具可以使图形对象产生许多皱褶。选取工具箱中的皱褶工具，在图形上按住鼠标左键并拖动鼠标，至合适位置后释放鼠标，即可变形图形，效果如图 2-33 所示。

使用皱褶工具前

使用皱褶工具后

图 2-33　使用皱褶工具变形图形

## 2.2　边练实例

本节将在上一节理论学习的基础上练习实例，通过制作太阳帽、音乐世界效果、变形相框、闪亮光芒效果和都市丽人效果 5 个实例，强化并延伸前面所学的知识点，达到巧学活用、学有所成的目的。

### 2.2.1　制作太阳帽

本实例制作的是太阳帽，效果如图 2-34 所示。

本实例主要用到了椭圆工具和钢笔工具等，具体操作步骤如下：

图 2-34　太阳帽效果

（1）单击"文件"|"新建"命令，弹出"新建文档"对话框，设置"名称"为 2-34，其他各项参数保持默认值，单击"确定"按钮，新建一个空白文件。

（2）选取工具箱中的椭圆工具 ，在编辑窗口中需要绘制椭圆的位置按住鼠标左键并拖动鼠标，绘制一个椭圆。选取工具箱中的选择工具，选择绘制的椭圆，将鼠标指针移动至椭圆四周任意控制柄的外边缘位置，当鼠标指针呈旋转状态时，拖曳鼠标旋转椭圆，如图 2-35 所示。

（3）双击工具箱中的"填色"图标 ，弹出"拾色器"对话框，设置颜色为橙色（CMYK颜色参考值分别为 4、26、81、0），单击"确定"按钮，填充颜色；双击工具箱中的"描边"图标 ，弹出"拾色器"对话框，设置颜色为褐色（CMYK 颜色参考值分别为 40、65、90、35），单击"确定"按钮，进行描边，效果如图 2-36 所示。

（4）选取工具箱中的钢笔工具 ，设置"描边"为褐色，并在属性栏中设置"描边粗细"为 3pt，将鼠标指针移至图像编辑窗口中，按住鼠标左键并拖动鼠标，绘制一个闭合路径，如图 2-37 所示。

（5）填充刚刚绘制的闭合路径的颜色为橙色（CMYK 颜色参考值分别为 2、34、90、0），如图 2-38 所示。

 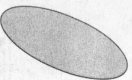 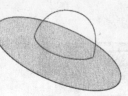 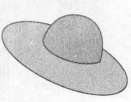

图 2-35　绘制的椭圆　　　图 2-36　填色并描边　　　图 2-37　绘制闭合路径　　　图 2-38　填充颜色

（6）选取工具箱中的钢笔工具，绘制一个闭合路径，如图 2-39 所示。

（7）为闭合路径填充橙色（CMYK 颜色参考值分别为 1、39、81、0），如图 2-40 所示。

（8）用同样的方法绘制另一个闭合路径，如图 2-41 所示。

（9）填充闭合路径的颜色为黄色（CMYK 颜色参考值分别为 6、12、81、0），如图 2-42 所示。单击"选择"|"全部"命令，选择全部图形；单击"对象"|"编组"命令，将其进行编组；单击"编辑"|"复制"命令，将编组图形进行复制。

 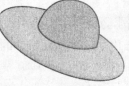  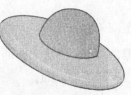

图 2-39　绘制的闭合路径　　　图 2-40　填充颜色　　　图 2-41　绘制闭合路径　　　图 2-42　填充颜色

（10）单击"文件"|"打开"命令，打开一幅素材图形，如图 2-43 所示。

（11）单击"编辑"|"粘贴"命令，将复制的图形粘贴到该素材文件中，调整其位置和大小，效果如图 2-44 所示。至此，完成太阳帽效果的制作。

 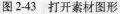 

图 2-43　打开素材图形　　　　　　图 2-44　粘贴并调整复制的图形

### 2.2.2　制作音乐世界效果

本实例制作的是音乐世界效果，如图 2-45 所示。

本实例主要用到了矩形工具和螺旋线工具等，具体操作步骤如下：

（1）单击"文件"|"新建"命令，新建一个名称为 2-45 的空白文件。

（2）选取工具箱中的矩形工具，在图像编辑窗口中按住鼠标左键并拖动鼠标，绘制一个与页面大小相同的矩形，并填充为草绿色（CMYK 颜色参考值分别为 50、0、100、0），如图 2-46 所示。

　　（3）选取工具箱中的螺旋线工具 ⑥，在矩形上按住鼠标左键并拖动鼠标，绘制一条螺旋线，如图 2-47 所示。

　　图 2-45　音乐世界效果　　　　图 2-46　绘制并填充矩形　　　　图 2-47　绘制螺旋线

　　（4）在属性栏中设置螺旋线的填充颜色为黄色（CMYK 颜色参考值分别为 0、0、100、0）、"描边"为灰色（CMYK 颜色参考值分别为 0、0、0、40），如图 2-48 所示。

　　（5）用同样的方法绘制其他的螺旋线，并进行相应填充和描边，如图 2-49 所示。

　　（6）选取工具箱中的钢笔工具，绘制一个闭合路径，并填充颜色为白色，在工具属性栏中设置"不透明度"为 40%，如图 2-50 所示。

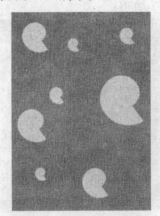
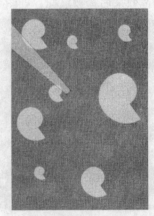

　　图 2-48　填充并描边　　　　图 2-49　绘制其他螺旋线　　　　图 2-50　绘制并填充闭合路径

　　（7）用同样的方法绘制其他闭合路径，填充相应的颜色，并调整透明度，效果如图 2-51 所示。

　　（8）单击"文件"|"打开"命令，打开一幅素材图形，如图 2-52 所示。单击"选择"|"全部"命令，选择素材图形；单击"编辑"|"复制"命令，复制图形。

　　（9）切换至 2-45 图像编辑窗口中，单击"编辑"|"粘贴"命令，粘贴复制的图形，并调整其位置和大小，效果如图 2-53 所示。至此，完成音乐世界效果的制作。

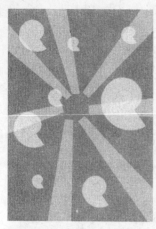
图 2-51 绘制其他闭合路径

图 2-52 打开素材图形

图 2-53 粘贴并调整图形

### 2.2.3 制作变形相框

本实例制作的是变形相框,效果如图 2-54 所示。

本实例主要使用了旋转扭曲工具和晶格化工具等,具体操作步骤如下:

(1)单击"文件"|"新建"命令,新建一个名称为 2-54 的空白文件。

(2)选取工具箱中的矩形工具,绘制一个与页面大小相同的矩形,并填充为褐色(CMYK颜色参考值分别为 40、70、100、50),如图 2-55 所示。

(3)用同样的方法绘制一个稍小一点的矩形,并填充为白色,效果如图 2-56 所示。

(4)选取工具箱中的旋转扭曲工具,在绘制的小矩形边缘处按住鼠标左键,扭曲图形至合适效果后释放鼠标,如图 2-57 所示。

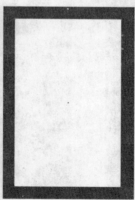
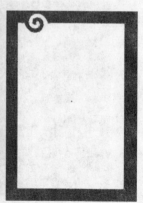

图 2-54 变形相框效果　图 2-55 绘制并填充矩形　图 2-56 绘制并填充另一个矩形　图 2-57 扭曲图形

(5)用同样的方法扭曲图形的其他部分,效果如图 2-58 所示。

(6)选取工具箱中的晶格化工具,在图形需要变形的位置按住鼠标左键并拖动鼠标,变形图形,如图 2-59 所示。

(7)用同样的方法变形图形的其他部分,如图 2-60 所示。

(8)单击"文件"|"打开"命令,打开一幅素材图形,如图 2-61 所示。单击"选择"|"全部"命令,选择打开的素材图形;单击"编辑"|"复制"命令,复制图形。

（9）切换至 2-54 图像编辑窗口中，单击"编辑"｜"粘贴"命令，粘贴所复制的图形，并调整其叠放顺序，效果如图 2-62 所示。

（10）选取工具箱中的选择工具，按住【Shift】键，选中复制的图形和白色矩形，并在图形上单击鼠标右键，在弹出的快捷菜单中选择"建立剪切蒙版"选项，创建剪切蒙版，效果如图 2-63 所示。至此，完成变形相框效果的制作。

图 2-58　扭曲图形其他部分

图 2-59　使用晶格化工具变形图形

图 2-60　变形图形其他部分

图 2-61　打开素材图形

图 2-62　粘贴并调整图形顺序

图 2-63　创建剪切蒙版后的效果

## 2.2.4　制作闪亮光芒效果

本实例制作的是闪亮光芒效果，如图 2-64 所示。

本实例主要使用了光晕工具，具体操作步骤如下：

（1）单击"文件"｜"新建"命令，新建一个名称为 2-64 的空白文件。

（2）单击"文件"｜"打开"命令，打开一幅素材图形，如图 2-65 所示。按【Ctrl+A】组合键，选择所有图形，将其复制到 2-64 图像文件窗口中。

（3）选取工具箱中的光晕工具，在图形上按住鼠标左键并拖动鼠标，如图 2-66 所示。

（4）至合适位置后释放鼠标，得到如图 2-67 所示的图形效果。

（5）将鼠标指针移至图形的另一位置，拖曳鼠标，继续添加光晕效果，如图 2-68 所示。

（6）用同样的方法添加其他的光晕效果，如图 2-69 所示。

图 2-64　闪亮光芒效果

图 2-65　打开素材图形

图 2-66　绘制光晕效果

图 2-67　添加光晕效果

图 2-68　继续添加光晕效果

图 2-69　添加其他光晕效果

（7）选取工具箱中的矩形工具，绘制一个与素材图形大小相同的矩形，并设置"填充"和"描边"均为无，如图 2-70 所示。

（8）选取工具箱中的选择工具，按住【Shift】键依次选择矩形和所有光晕图形，如图 2-71 所示。

（9）单击鼠标右键，在弹出的快捷菜单中选择"建立剪切蒙版"选项，创建剪切蒙版，效果如图 2-72 所示。至此，完成闪亮光芒效果的制作。

图 2-70　绘制并设置矩形

图 2-71　选择图形

图 2-72　创建剪切蒙版

## 2.2.5 制作都市丽人效果

本实例制作的是都市丽人效果,如图 2-73 所示。

本实例主要使用了椭圆工具和矩形网格工具,具体操作步骤如下:

(1)单击"文件"丨"新建"命令,新建一个名称为 2-73 的空白文件。

(2)单击"文件"丨"打开"命令,打开一幅素材图形,如图 2-74 所示。按【Ctrl+A】组合键选择所有图形,将其复制至 2-73 图像文件窗口中。

(3)选取工具箱中的椭圆工具,按住【Shift】键和鼠标左键并拖动鼠标,绘制一个正圆,填充其颜色为草绿色(CMYK 颜色参考值分别为 32、1、96、0),如图 2-75 所示。

(4)用同样的方法绘制其他的正圆,填充相应的颜色,并调整其叠放顺序,效果如图 2-76 所示。

图 2-73 都市丽人效果

  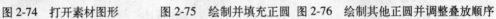
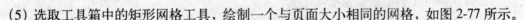

图 2-74 打开素材图形　图 2-75 绘制并填充正圆　图 2-76 绘制其他正圆并调整叠放顺序

(5)选取工具箱中的矩形网格工具,绘制一个与页面大小相同的网格,如图 2-77 所示。

(6)在工具属性栏中设置"描边"为白色、"描边粗细"为 20pt,如图 2-78 所示。

(7)调整矩形网格的叠放顺序,如图 2-79 所示。至此,完成都市丽人效果的制作。

 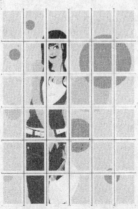 

图 2-77 绘制网格　　　图 2-78 设置描边　　　图 2-79 调整图层顺序

# 课 堂 总 结

## 1．基础总结

本章的基础内容部分首先介绍了线形工具的使用方法，如直线段工具、弧形工具、螺旋线工具、矩形网格工具和极坐标网格工具等；然后介绍了几何图形工具的使用方法，如矩形工具、圆角矩形工具和椭圆工具等，让读者逐步掌握绘制基本图形的方法；最后介绍了自由画笔工具、钢笔工具组和变形工具组中工具的使用。

## 2．实例总结

本章通过制作太阳帽、音乐世界效果、变形相框、闪亮光芒效果和都市丽人效果 5 个实例，强化训练各个工具的具体使用方法，如使用螺旋线工具绘制螺旋线、使用钢笔工具绘制路径、使用变形工具对图形变形等，让读者在实战中巩固基础知识，提升操作能力。

# 课 后 习 题

## 一、填空题

1．绘制星形时，按＿＿＿＿或＿＿＿＿键可以从星形路径中添加或删除角点；按住＿＿＿＿键的同时拖动鼠标，可移动星形的位置。

2．线型工具包括＿＿＿＿＿＿＿＿、＿＿＿＿＿＿＿＿、螺旋线工具、＿＿＿＿＿＿＿＿和极坐标网格工具。

3．使用光晕工具 🔍 可以绘制出类似＿＿＿＿或＿＿＿＿反光的效果。

## 二、简答题

1．简述钢笔工具组中包括哪些工具。

2．简述使用旋转扭曲工具扭曲图形的方法。

## 三、上机题

1．练习使用钢笔工具绘制一个闭合路径。

2．练习使用变形工具对图形进行变形的操作。

# 第 3 章　描边与填充图形

在 Illustrator CS3 中，图形对象是由描边和填充两部分组成的。描边指的是包围图形对象的路径线条，而填充指的是图形对象中包含的颜色和图案。使用 Illustrator CS3 提供的"颜色"面板、"色板"面板和吸管工具，可以设置图形的描边和填充颜色。

## 3.1　边学基础

在 Illustrator CS3 中，可以很方便地对图形进行描边和填充。本节将主要介绍描边和填充图形对象的方法。

### 3.1.1　描边设置

在 Illustrator CS3 中，图形对象的描边属性主要是通过"描边"面板来设置的。通过设置描边属性，可以使图形对象具有丰富的变化，从而呈现出丰富多彩的视觉效果。

#### 1．"描边"面板

单击"窗口"|"描边"命令，弹出"描边"面板。默认情况下，"描边"面板并未完全显示。要完全显示"描边"面板，可以单击"描边"面板右上角的 图标，在弹出的面板菜单中选择"显示选项"选项，以显示"描边"面板所有内容，如图 3-1 所示。

"描边"面板中主要选项的含义如下：

默认面板　　　展开后的"描边"面板

图 3-1　"描边"面板

🡆 "粗细"下拉列表框：用于设置轮廓的宽度，可设置的范围为 0.25 pt～1000pt。

🡆 "斜接限制"数值框：用于设置轮廓线沿路径改变方向时伸展的长度，取值范围为 1～500 磅。

🡆 端点选项区：用于设置轮廓线各线段首端和尾端的形状，包括平头端点、圆头端点和方头端点 3 种不同的样式，"平头端点"是系统默认样式。

🡆 转角选项区：用于设置一段轮廓线的拐点，也就是轮廓线的拐角形状，它也有 3 种不同的拐角连接形式，分别为斜接连接、圆角连接和斜角连接。

🡆 "对齐描边"选项区：用于设置图形对象的描边沿图形路径对齐的方式，包括"使描边居中对齐"、"使描边内侧对齐"和"使描边外侧对齐"3 个选项。

🡆 "虚线"复选框：用于创建轮廓的虚线效果，选中该复选框，面板底部的几个数值框将被激活。

"描边"面板中的"斜接限制"参数，只有图形对象的轮廓转角为"斜接连接"形式时才起作用，其取值范围为 1～500，该数值越大，轮廓转角越尖锐。

## 2．虚线描边

默认情况下，绘制的图形的描边为实线，若想用虚线来描边，可以通过"描边"面板创建各种虚线。

要创建虚线描边，可在"描边"面板的"粗细"下拉列表框中选择一个描边数值，或根据需要直接在其中输入数值，并选中"虚线"复选框，然后在"虚线"和"间隙"数值框中分别输入线段和间隙的数值。图3-2所示为通过设置"描边"面板中的参数所创建的虚线描边效果。

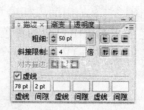

图 3-2　创建虚线描边效果

## 3.1.2 颜色填充

在 Illustrator CS3 中，不仅可以通过"颜色"面板设置填充和描边的颜色，还可以通过"色板"面板来进行设置。一般情况下，"色板"面板显示的是 CMYK 模式的颜色、图案和渐变颜色等。

### 1．"色板"面板

在 Illustrator CS3 中，如果图像编辑窗口中没有显示"色板"面板，可以单击"窗口"｜"色板"命令，弹出"色板"面板，如图3-3所示。

在"色板"面板中，除了渐变色板外，其他色板均可应用于图形的描边。

### 2．创建色板

在 Illustrator CS3 中，用户可以将自定义的填充颜色、渐变色或图案等创建成色板，并放置在"色板"面板中。单击"色板"面板右上角的 ⁼≡图标，在弹出的面板菜单中选择"新建色板"选项，弹出"新建色板"对话框，如图3-4所示。

"新建色板"对话框中主要选项的含义如下：

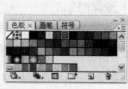
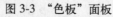

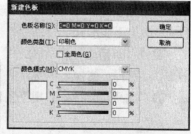

➲ "色板名称"文本框：用于设置新建色板的名称。

➲ "颜色类型"列表框：用于设置新建色板的颜色类型，其中提供了两种颜色类型，分别为印刷色和专色。

图 3-3　"色板"面板　　　　图 3-4　"新建色板"对话框

➲ "颜色模式"列表框：用于设置色板的颜色模式，其中提供了 6 种颜色模式供用户选择。

➲ "全局色"复选框：选中该复选框，新创建的色板只能调整颜色明度。

### 3．实时上色

　　实时上色将路径绘制工具所绘制的全部路径视为位于同一平面，以路径平面分割的区域为单位进行上色。

　　选取工具箱中的实时上色工具，在绘制的图形上单击鼠标左键，建立实时上色组。选取工具箱中的实时上色选择工具，选择一个单元格，并将其颜色填充为洋红色，效果如图 3-5 所示。

### 4．吸管工具

　　在 Illustrator CS3 中，使用吸管工具可以很方便地将一个对象的属性应用于另外一个对象。

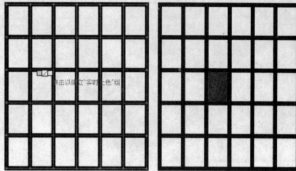

建立实时上色组　　　　　实时上色

图 3-5　实时上色填充

　　选取工具箱中的选择工具，选择需要更改颜色的图形；选取工具箱中的吸管工具，在需要吸取颜色的图形上单击鼠标左键，即可改变所选图形的颜色。

## 3.1.3　渐变填充

　　渐变填充是指在同一图形对象上应用两种或两种以上颜色过渡的填充效果。用户可以使用工具箱中的渐变工具或"色板"面板中的渐变色板对图形对象进行渐变填充。在 Illustrator CS3 中，根据渐变方式的不同，可以将渐变填充分为"线性"渐变填充和"径向"渐变填充两种类型。

　　双击工具箱中的渐变工具，弹出"渐变"面板。默认情况下，"渐变"面板并未完全显示。要完全显示"渐变"面板，可以单击"渐变"面板右上角的图标，在弹出的面板菜单中选择"显示选项"选项，显示出全部"渐变"面板，如图 3-6 所示。

　　"渐变"面板中主要选项的含义如下：

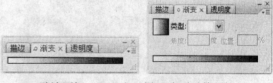

默认面板　　　　展开选项后的面板

图 3-6　"渐变"面板

　　⏩"类型"列表框：用于选择渐变类型，Illustrator CS3 提供了两种渐变类型，一种是"线性"渐变，另一种是"径向"渐变。

　　⏩"角度"文本框：用于设置"线性"渐变的渐变方向，"角度"参数只对"线性"渐变有效。

　　⏩"位置"文本框：该数值框只在选中其下方的渐变滑块后才可用，用于显示渐变滑块的位置。

### 1．"线性"渐变填充

"线性"渐变填充是最常用的一种渐变填充类型，它能够实现两种或两种以上的颜色之间呈直线平滑过渡的填充效果，如图 3-7 所示。

### 2．"径向"渐变填充

"径向"渐变填充是指将渐变填充的起始色和终止色由内向外以放射状进行填充，效果如图 3-8 所示。

图 3-7 "线性"渐变填充　　　　　　　图 3-8 "径向"渐变填充

## 3.1.4 图案填充

在 Illustrator CS3 中，还可以对图形对象进行图案填充。所使用的图案可以是系统预设的，也可以是用户自定义的图案。另外，这些图案还可应用于图形对象的描边。

### 1．填充图案

单击"窗口"|"色板"命令，弹出"色板"面板，单击面板底部的"显示'色板类型'菜单"按钮，在弹出的面板菜单中选择"显示图案色板"选项，即可在面板中显示图案色板。

选取工具箱中的选择工具，选择需要填充图案的图形对象，在"色板"面板中单击所需的填充图案即可，效果如图 3-9 所示。

填充图案前　　　　　　　　　　　　填充图案后

图 3-9 填充图案

## 2．自定义图案

系统预设的填充图案有时并不能满足用户的实际需求，因此 Illustrator CS3 为用户提供了自定义填充图案的功能。自定义填充图案可以是使用各种绘图工具绘制的图形对象，也可以是使用其他图形软件创建的图形对象。

使用选择工具选择绘制的图形对象，然后将其拖至"色板"面板中，即可在"色板"面板中创建一个新的图案色板，如图 3-10 所示。

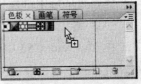

绘制的图形对象　　　　　　拖至"色板"面板中

图 3-10　创建新的图案色板

双击该图案色板，在弹出的"色板选项"对话框中输入色板名称，然后单击"确定"按钮，即可为创建的新图案色板定义名称。用户可以像使用预设的填充图案一样使用自定义填充图案进行填充，效果如图 3-11 所示。

填充自定义图案前　　　　　　填充自定义图案后

图 3-11　填充自定义图案

### 3.1.5　渐变网格

在 Illustrator CS3 中，网格工具是一个比较特殊的填充工具，它将贝塞尔曲线、网格和渐变填充等功能的优势综合在一起，使用户可以方便地调整渐变填充的效果。

#### 1．创建渐变网格效果

图形对象应用的渐变网格效果是由网格点和网格线组成的，可以通过移动网格点和网格点上的方向线或方向点来调整各网格点所用颜色的过渡方向和过渡距离。

要创建渐变网格，可以使用网格工具，也可以使用菜单命令，还可以通过渐变填充来创建渐变网格效果，下面将介绍具体的创建方法。

　⊃　使用网格工具创建渐变网格效果

使用网格工具，可以为图形对象创建渐变网格效果。创建渐变网格效果时，应首先选取工具箱中的网格工具，然后将鼠标指针移至目标图形对象上，此时鼠标指针将变成 形状，单击鼠标左键即可为目标图形对象创建最简单的渐变网格效果，并可为网格点设置所需的颜色，效果如图 3-12 所示。

⮕ 使用菜单命令创建渐变网格效果

使用选择工具选择图形对象，然后单击"对象"丨"创建渐变网格"命令，弹出"创建渐变网格"对话框，如图 3-13 所示。

在该对话框中进行相应的设置后，单击"确定"按钮，即可创建渐变网格效果。

⮕ 通过渐变填充创建渐变网格效果

在 Illustrator CS3 中，无论是"线性"渐变还是"径向"渐变，都可以转换成渐变网格填充效果。若要由渐变填充创建渐变网格效果，首先应使用工具箱中的选择工具选择需要操作的图形对象，然后单击"对象"丨"扩展"命令，弹出"扩展"对话框，如图 3-14 所示。

| 添加网格效果前 | 添加网格效果后 |
| --- | --- |

图 3-12　添加网格效果　　　图 3-13　"创建渐变网格"对话框　图 3-14　"扩展"对话框

在该对话框中选中"渐变网格"单选按钮，然后单击"确定"按钮，即可为渐变填充的图形对象创建渐变网格效果。图 3-15 所示为由"线性"渐变和"径向"渐变创建的渐变网格效果。

## 2. 编辑渐变网格效果

为图形对象创建渐变网格效果后，一般还需要对渐变网格的整体效果进行更精确的调整与编辑。

⮕ 增加和减少网格

要在应用渐变网格效果的图形对象上添加网格线，只需使用工具箱中的网格工具，在图形对象上需要添加网格线的位置单击鼠标左键即可。

若想删除多余的网格线，只需按住【Alt】键单击网格线即可。如果单击的是网格点，则会将与该网格点有关联的网格线全部删除。

⮕ 网格点和网格线的编辑

编辑渐变网格的形态是指对网格点和网格点上的方向点和方向线进行编辑和调整。对网格点的调整将直接影响到网格线的形态和位置。

要对网格点进行调整，可以使用工具箱中的网格工具、直接选择工具和转换锚点工具。不过使用网格工具进行操作时，一次只能对一个网格点进行编辑处理。若要对多个网格点同时进行编辑，可以使用工具箱中的直接选择工具。

### 3．编辑渐变网格中的颜色

在 Illustrator CS3 中，用户可以通过"颜色"面板编辑渐变网格中的颜色，也可以使用吸管工具进行操作。

➡ 通过"颜色"面板编辑颜色

选取工具箱中的网格工具或直接选择工具，选择渐变网格中的网格点，然后在"颜色"面板中设置所需的颜色，即可改变网格点颜色。也可以预先在"颜色"面板中设置所需颜色，然后在该面板的"填色"色块上按住鼠标左键，将其拖至需要操作的网格点上应用该颜色。

➡ 使用吸管工具改变颜色

用户可以使用吸管工具改变网格的颜色。首先选取工具箱中的网格工具或直接选择工具，选择需要改变颜色的网格点，然后在工具箱中选取吸管工具，在需要吸取颜色的区域单击鼠标左键，即可将网格点的颜色转换成吸取的颜色，效果如图 3-16 所示。

"线性"渐变　　　　　"径向"渐变　　　　　　改变颜色前　　　　　改变颜色后

图 3-15　由"线性"渐变和"径向"渐变创建渐变网格　　　　图 3-16　使用吸管工具改变颜色

## 3.1.6 混合效果

图形的混合操作是指在两个或两个以上的图形对象之间创建混合效果，使图形对象在形状和颜色等方面形成一种光滑的过渡效果。

### 1．使用混合工具创建图形混合

绘制两个图形对象并将其选中，然后使用混合工具，系统将根据两个图形对象之间的差别，自动进行计算，以生成适中的过渡图形。

在 Illustrator CS3 中，单击"对象"|"混合"|"建立"命令，也可在图形窗口中为选择的图形对象创建混合效果。

图形的混合操作主要有 3 种，分别如下：

➡ 直接混合：指在所选择的两个图形对象之间进行直接混合，效果如图 3-17 所示。

直接混合前的图形　　　直接混合后的图形

图 3-17　直接混合效果

➡ 沿路径混合：指图形在混合时沿指定的路径布置，效果如图 3-18 所示。

◯ 复合混合：指在两个以上图形之间进行混合，效果如图 3-19 所示。

沿路径混合前的图形　　沿路径混合后的图形　　　复合混合前的图形　　复合混合后的图形

图 3-18　沿路径混合效果　　　　　　　　图 3-19　复合混合效果

### 2．设置图形混合选项

在创建混合效果时，混合图形之间的间距是影响混合效果的重要因素，通过修改其混合的间距或方向，可以制作出需要的混合效果。

单击"对象"|"混合"|"混合选项"命令，或双击工具箱中的混合工具，弹出"混合选项"对话框，如图 3-20 所示。

在该对话框中进行相应设置后，单击"确定"按钮，即可完成图形混合选项的设置。

图 3-20　"混合选项"对话框

## 3.2　边练实例 ➡

本节将在上一节理论学习的基础上练习实例，通过制作粉红女孩、多彩花朵、儿童节海报和可爱小熊 4 个实例，强化并延伸前面所学的知识点，从而达到巧学活用、学有所成的目的。

### 3.2.1　制作粉红女孩

本实例制作的是粉红女孩效果，如图 3-21 所示。

本实例主要使用吸管工具，具体操作步骤如下：

（1）单击"文件"|"打开"命令，打开一幅素材图形，如图 3-22 所示。

（2）选取工具箱中的直接选择工具，选择女孩的衣领图形，如图 3-23 所示。

图 3-21　粉红女孩效果　　　图 3-22　素材图形　　　图 3-23　选择图形对象

(3) 双击工具箱中的"填色"图标，弹出"拾色器"对话框，如图 3-24 所示。

(4) 设置颜色为粉红色（CMYK 颜色参考值分别为 15、60、0、0），如图 3-25 所示。

(5) 单击"确定"按钮，即可改变图形的颜色，效果如图 3-26 所示。

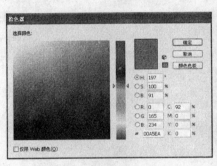
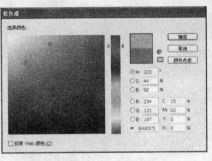

图 3-24　"拾色器"对话框　　　　图 3-25　设置颜色　　　　图 3-26　改变图形颜色

(6) 使用直接选择工具选择人物衣领另一侧的图形，如图 3-27 所示。

(7) 选取工具箱中的吸管工具，将鼠标指针移至粉红色的衣领上，单击鼠标左键，即可改变所选图形的颜色，效果如图 3-28 所示。

(8) 用同样的方法改变其他部分图形的颜色，效果如图 3-29 所示。至此，即完成粉红女孩效果的制作。

图 3-27　选择图形　　　　图 3-28　改变图形颜色　　　　图 3-29　改变其他部分图形的颜色

## 3.2.2　制作多彩花朵

本实例制作的是多彩花朵效果，如图 3-30 所示。

本实例主要使用"色板"面板，具体操作步骤如下：

(1) 单击"文件"│"新建"命令，新建一个名称为 3-30 的空白文件。

(2) 选取工具箱中的矩形工具，绘制一个与页面大小相同的矩形，并填充成淡蓝色（CMYK 颜色参考值分别为 31、0、2、0），如图 3-31 所示。

（3）选取工具箱中的钢笔工具，绘制一个闭合路径，如图 3-32 所示。

（4）单击"窗口"|"色板"命令，弹出"色板"面板，单击"'色板库'菜单"按钮，在弹出的面板菜单中选择"默认色板"|"基本 CMYK"选项，此时，在该面板中将显示基本 CMYK 色板，从中选择"CMYK 青色"色板，并在工具属性栏中设置"描边"为无，效果如图 3-33 所示。

图 3-30 多彩花朵效果 图 3-31 绘制并填充矩形 图 3-32 绘制闭合路径 图 3-33 填充颜色

（5）选中该图形对象，单击"编辑"|"复制"命令，复制图形对象；单击"复制"|"贴在前面"命令，粘贴所复制的图形，在"色板"面板中设置"颜色"为橙色（CMYK 颜色参考值分别为 0、50、100、0），并调整图形的位置，效果如图 3-34 所示。

（6）用同样的方法，复制并填充其他图形对象，效果如图 3-35 所示。

（7）选取工具箱中的矩形工具，绘制一个与页面大小相同的矩形，如图 3-36 所示。

（8）单击"选择"|"全部"命令，全选图形，如图 3-37 所示。

   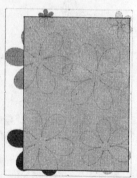

图 3-34 复制并填充图形 图 3-35 复制并填充其他图形 图 3-36 绘制矩形 图 3-37 全选图形

（9）在图形上单击鼠标右键，在弹出的快捷菜单中选择"建立剪切蒙版"选项，创建剪切蒙版，效果如图 3-38 所示。

（10）单击"文件"|"打开"命令，打开一幅素材图形，如图 3-39 所示。使用选择工具选择打开的图形，单击"编辑"|"复制"命令，复制所选图形。

（11）返回到 3-30 图像文件窗口中，单击"编辑"|"贴在前面"命令，粘贴所复制的图形，效果如图 3-40 所示。至此，完成多彩花朵效果的制作。

图 3-38　创建剪切蒙版　　图 3-39　打开素材图形　图 3-40　复制、粘贴并调整图形

### 3.2.3 制作儿童节海报

本实例制作的是儿童节海报，如图 3-41 所示。

本实例主要使用了渐变填充功能，具体操作步骤如下：

（1）单击"文件"丨"新建"命令，新建一个名称为 3-41 的空白文件。

（2）选取工具箱中的矩形工具，绘制一个与页面大小相同的矩形，并填充成草绿色（CMYK 颜色参考值分别为 50、0、100、0），如图 3-42 所示。

（3）选取工具箱中的椭圆工具，在矩形上绘制一个椭圆，设置"填充"和"描边"均为"无"，效果如图 3-43 所示。

图 3-41　儿童节海报　　　图 3-42　绘制并填充矩形　　　图 3-43　绘制并设置椭圆

（4）双击工具箱中的渐变工具，弹出"渐变"面板，如图 3-44 所示。

（5）从中设置"类型"为"线性"，单击渐变矩形条下方 100%位置处的渐变滑块，并双击工具箱中的"填色"图标，弹出"拾色器"对话框。

（6）设置颜色为粉红色（CMYK 颜色参考值分别为 5、80、0、0），单击"确定"按钮关闭"拾色器"对话框，然后在"渐变"面板中设置"角度"为 90 度，如图 3-45 所示。此时，图像编辑窗口中绘制的椭圆效果如图 3-46 所示。

（7）选取工具箱中的旋转工具，将鼠标指针移至椭圆的十字中心点位置，按住【Alt】键的同时向下拖曳鼠标，弹出"旋转"对话框，如图 3-47 所示。

（8）设置"角度"为 30 度，单击"复制"按钮，旋转并复制图形，效果如图 3-48 所示。

（9）连续数次按【Ctrl＋D】组合键，旋转并复制多个图形对象，效果如图 3-49 所示。

（10）选取工具箱中的椭圆工具，将鼠标指针移至图像编辑窗口中的合适位置，按住【Shift】键的同时拖曳鼠标，绘制一个正圆，如图 3-50 所示。

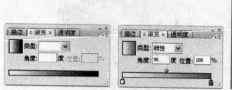

图 3-44　"渐变"面板　图 3-45　进行渐变设置　图 3-46　填充渐变色　　图 3-47　"旋转"对话框

图 3-48　旋转并复制图形　　　图 3-49　旋转并复制多个图形　　　图 3-50　绘制正圆

（11）在"渐变"面板中设置"类型"为"径向"，并设置右侧渐变滑块的颜色为黄色（CMYK 颜色参考值分别为 0、0、100、0），此时，图像编辑窗口中的图形效果如图 3-51 所示。

（12）使用选择工具，选择全部的花图形，单击鼠标右键，在弹出的快捷菜单中选择"编组"选项，将图形进行编组，并对花朵图形进行复制，调整其位置和大小，效果如图 3-52 所示。

（13）选取工具箱中的文字工具，在图像编辑窗口中的合适位置输入文字"欢度六一"，选中输入的文字，设置"字体"为"文鼎习字体"、"字号"为 170pt，效果如图 3-53 所示。至此，完成儿童节海报的制作。

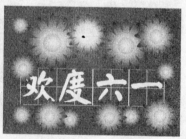

图 3-51　填充渐变色　　　图 3-52　复制并调整花朵图形　　　图 3-53　输入并设置文字

### 3.2.4　制作可爱小熊

本实例制作的是可爱小熊，如图 3-54 所示。

本实例主要应用了网格工具，具体操作步骤如下：

（1）单击"文件"|"打开"命令，打开一幅素材图形，如图 3-55 所示。

（2）选取工具箱中的直接选择工具，选择小熊的头，单击"对象"|"创建渐变网格"

命令，弹出"创建渐变网格"对话框，从中设置"行数"为4，"列数"为4，单击"确定"按钮，创建渐变网格，如图3-56所示。

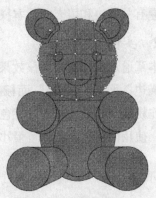

图3-54　可爱小熊　　　　图3-55　打开素材图形　　　　图3-56　添加网格

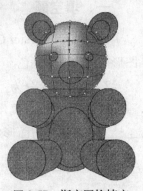

（3）使用直接选择工具分别选择其中的两个网格点，在"色板"面板中设置颜色为黄色（CMYK颜色参考值分别为0、0、75、0），效果如图3-57所示。

（4）使用直接选择工具选择小熊的嘴巴，填充其颜色为暗红色（CMYK颜色参考值分别为50、100、100、45），如图3-58所示。

（5）选取工具箱中的网格工具，在嘴巴图形上添加网格，并填充网格点的颜色为红色（CMYK颜色参考值分别为34、99、93、1），效果如图3-59所示。

（6）用同样的方法，为小熊身体的其他部分填充相应的颜色，效果如图3-60所示。至此，完成可爱小熊的制作。

图3-57　渐变网格填充

图3-58　选择并填充图形　　图3-59　添加网格并进行填充　　图3-60　填充图形的其他部分

# 课 堂 总 结

## 1. 基础总结

本章的基础内容部分，首先介绍了描边设置、颜色填充、渐变填充和图案填充等内容，例如，进行虚线描边、实时上色和填充图案等，然后介绍了创建渐变网格、混合效果的方法，如创建与编辑渐变网格、使用混合工具创建图形混合效果和设置图形混合选项等，让读者快速掌握有关描边和填充的基本操作。

### 2．实例总结

本章通过制作粉红女孩效果、多彩花朵效果、儿童节海报和可爱小熊 4 个实例，强化训练"描边"面板、"色板"面板、渐变填充、图案填充和渐变网格等的使用，如使用吸管工具制作粉红女孩效果、通过"色板"面板制作多彩花朵效果、使用渐变填充功能制作儿童节海报、使用网格工具制作可爱小熊，让读者在实战中巩固知识，提升制作和设计能力。

# 课 后 习 题

## 一、填空题

1．使用 Illustrator CS3 提供的_____、"色板"面板和_____，可以设置和编辑图形描边和填充颜色。

2．渐变填充分为_____填充和"径向"渐变填充两种类型。

3．图形的混合操作是指在两个或_____的图形路径之间创建混合效果，使图形对象在_____和颜色等方面形成一种光滑的过渡效果。

## 二、简答题

1．简述实时上色的操作方法。

2．简述图形的混合操作有哪几种。

## 三、上机题

1．练习通过"描边"面板为图形对象描边。

2．练习使用网格工具对图形进行渐变填充，效果如图 3-61 所示。

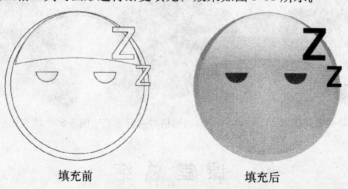

填充前                    填充后

图 3-61    渐变网格填充

# 第 *4* 章　应用图层与蒙版

　　"图层"面板是进行图层操作与管理的主要场所，对图层进行的各种操作基本上都可以在"图层"面板中完成。用户可以很方便地使用"图层"面板来管理图层。

　　在 Illustrator CS3 中，可以通过蒙版来遮盖图形对象的局部区域，只显示该图形对象中需要的部分。灵活地应用蒙版可以创造出丰富多彩的图形效果。

## 4.1　边学基础

　　在 Illustrator 中，创建的对象都处在一个图层中。在同一图层中可以包含若干个图形对象，很多编辑操作都可以在一个图层中进行，如改变位置、调整前后顺序等，各图形对象相互之间不受影响。如果要创建复杂的图形，为了方便查找与管理，可以创建多个图层，或者创建子图层，将不同的对象放入不同的图层之中。

　　使用蒙版功能可以创建出更多的图形效果，可以实现对复杂图形的裁剪和创建带有透明渐变效果的图形。

### 4.1.1　认识"图层"面板

　　图层中所包含的各图形、图像均为一个独立的子图层，是按照顺序叠加在一起的。工作界面中若没有显示"图层"面板，可以单击"窗口"|"图层"命令或按【F7】键，打开"图层"面板，如图 4-1 所示。

　　"图层"面板中主要选项的含义如下：

　　◐ "切换可视性"图标 ：用于切换图层的显示或隐藏。

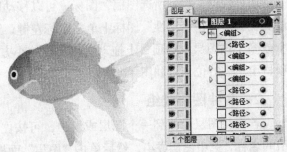

图 4-1　"图层"面板

　　◐ "切换锁定"图标 ：用于设置对应图层中的图形、图像为不可编辑状态。

　　◐ "建立/释放剪切蒙版"按钮 ：单击该按钮，可以为当前图层中的对象建立或释放剪切蒙版。

　　◐ "创建新子图层"按钮 ：单击该按钮，可以在当前所选的图层中创建新的子图层。

　　◐ "创建新图层"按钮 ：单击该按钮，可以创建一个新的图层。

　　◐ "删除所选图层"按钮 ：单击该按钮，可以删除当前所选择的图层。

### 4.1.2　编辑和管理图层

　　在"图层"面板中，可以实现对象位置的移动、图层间叠放顺序的调整，以及合并图层或组、控制对象的透明度等。

### 1. 移动图层

通过面板中的相关命令，可以移动图层，也可以直接使用鼠标拖曳的方法来自由调整图层的位置。

⮞ 拖动图层

在图层名称或其名称右侧的空白处按住鼠标左键并拖动鼠标，当黑色的插入标记出现在需要的位置时释放鼠标，即可将图层移至所需的位置，如图 4-2 所示。

按住【Alt】键的同时拖动图层，鼠标指针右下角会出现一个小加号，此时释放鼠标即可创建要复制图层的副本，如图 4-3 所示。

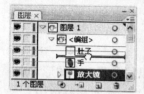  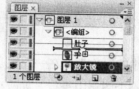 

图 4-2　拖动图层　　　　　　　　　　　图 4-3　创建要复制图层的副本

> 按住【Ctrl】键的同时单击图层，可以选择不相邻的图层；按住【Shift】键的同时单击图层，可以选择相邻的连续多个图层。

⮞ 拖动"指示所选图稿"图标

通过拖动"指示所选图稿"图标，可以移动图层中的项目内容。在"图层"面板中图层最右侧的"单击可见性"图标上单击鼠标左键，选择图层中的所有项目，然后在要移动的一个或多个该图层中的项目上拖动右侧出现的小方块（即"指示所选图稿"图标），即可移动项目至所需的位置，如图 4-4 所示。

### 2. 合并图层或组

若要将图层合并到一个图层或组中，可按住【Ctrl】或【Shift】键单击要合并的图层或组的名称，选中图层或组，然后单击"图层"面板右上角的 ▾≡ 图标，在弹出的面板菜单中选择"合并所选图层"选项，即可将选择的图层或组合并，如图 4-5 所示。

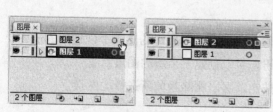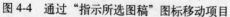 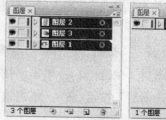

图 4-4　通过"指示所选图稿"图标移动项目　　　　图 4-5　将多个项目合并到组中

### 3. 改变对象的透明度

在 Illustrator 中，也可以像在 Photoshop 中一样控制图层的透明度，不同的是它不仅可以控制整个图层的透明度,而且还可以单独调整图层中所有项目的透明度,甚至可以对一个对象的填色和描边的透明度进行控制。

　　❍　改变对象、组或图层的透明度

　　选择一个对象、组或在"图层"面板中选择一个图层,然后单击"窗口"|"透明度"命令,打开"透明度"面板,如图 4-6 所示。通过改变该面板中的"不透明度"数值,可以调整对象的透明度。

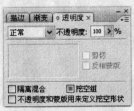
图 4-6  "透明度"面板

　　❍　改变对象填充或描边透明度

　　若要改变对象填充或描边的透明度,可在"外观"面板中选择对象的填充或描边属性,然后在"透明度"面板中调整其透明度。

### 4.1.3 混合模式

　　使用混合模式,可以采用不同的方法将对象颜色与下层对象的颜色混合。当一种混合模式应用于某一对象时,在此对象所在图层或组下方的任何对象上都可看到混合模式的效果。

　　混合模式列表框中共有 16 种混合模式,如图 4-7 所示。在"透明度"面板中为所选择的图形对象设置混合模式后,该对象中的颜色将与其下方所有对象中的颜色进行混合。若对这些对象中的某一对象的颜色进行修改,将直接影响到图形对象的混合效果。

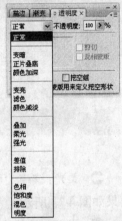
图 4-7  混合模式选项

　　"透明度"面板中各混合模式的含义如下:

　　❍　正常:该模式是 Illustrator CS3 中默认的混合模式,在该模式下绘制的图形对象总是上一层覆盖下一层。

　　❍　变暗:该模式是将所混合对象的颜色进行比较后,以色彩更暗的那部分对象作为最终的显示效果表现出来。需要注意的是,在该模式下显现的并不是将对象之间的色彩进行混合后的效果,如图 4-8 所示。

　　❍　正片叠底:该模式是将当前选择对象的颜色像素值与其下方的图形像素值相乘,然后再除以 255,得到的结果会比原来对象的颜色暗很多。当对对象设置不同的透明度时,效果也会有较大的区别,效果如图 4-9 所示。

　　❍　颜色加深:该模式是将选择对象与其下方图形对象之间的颜色混合,增加色彩对比度,使混合后的对象颜色整体变得鲜亮,效果如图 4-10 所示。

　　❍　变亮:该模式是将所混合的对象比较后,将色彩更亮的部分作为最终的显示效果表现出来。需要注意的是,该模式并不是将对象之间的色彩进行混合后的效果。

　　❍　滤色:该模式是将所选择的对象与其下方的对象层叠显亮,并对混合对象的颜色色调进行均匀处理。

　　❍　颜色减淡:该模式是将所选择对象与其下方对象之间的颜色混合,增加色彩饱和度,使混合后的对象颜色的色调整体变亮,效果如图 4-11 所示。

　　❍　叠加:该模式可以将所选择的对象与其下方对象混合,其高亮部分的颜色变得更亮,暗调部分的颜色变得更暗，效果如图 4-12 所示。

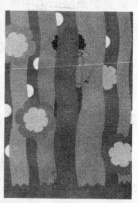

图 4-8 "变暗"效果　　图 4-9 "正片叠底"效果　图 4-10 "颜色加深"效果

图 4-11 "颜色减淡"效果　　　　　　图 4-12 "叠加"效果

　　◯ 柔光：该模式可以将所选对象的颜色色调很清晰地显示在其下方对象的颜色色调中，效果如图 4-13 所示。

　　◯ 强光：该模式可以将所选对象下方的对象颜色色调很清晰地显示在所选对象的颜色色调中，效果如图 4-14 所示。

图 4-13 "柔光"效果　　　　　　图 4-14 "强光"效果

　　◯ 色相：在该模式下将下方图形颜色亮度和饱和度值与当前选择的图形的色相进行混合，混合后亮度及饱和度与下方图形相同，但色相由当前选择图形的颜色决定，效果如图 4-15

所示。

　　➲ 饱和度：该模式与"色相"模式的混合方式相似，是以选择对象的颜色饱和度表现其下方对象的颜色饱和度，而选择的对象混合后只保留灰色边缘，其下方对象的颜色保持不变。

　　➲ 混色：该模式是将选择对象颜色的色调、饱和度与其下方对象颜色的色调、饱和度互换，其混合效果如图 4-16 所示。

图 4-15　"色相"效果　　　　　　　　　　　图 4-16　"混色"效果

　　➲ 差值：该模式混合效果取决于所选择对象的颜色色调。若所选对象的颜色色调为白色，将反相其下方对象的色调颜色；若选择的对象色调为黑色，则不会反相其下方对象的色调颜色；若所选对象的颜色色调为白色与黑色之间的灰色时，将按该颜色色调的灰暗程度进行对应的反相。

　　➲ 排除：该模式下的对象效果与"差值"模式下的效果相似，但是它具有高对比度和低饱和度的特点，比使用"差值"模式获得的混合颜色效果显得柔和。

　　➲ 明度：该模式与"混色"模式正好相反，是将选择对象颜色的亮度与其下方对象颜色的色相、饱和度混合，其效果如图 4-17 所示。

图 4-17　"明度"效果

## 4.1.4　创建与编辑蒙版

　　蒙版是一个透明的模板，是对图形对象区域进行保护的一种方法，它可以使被保护的部分不受绘图和编辑工作的影响。在使用蒙版时，所应用的蒙版形状可以是绘图工具创建的图形对象，也可以是通过"置入"命令置入的图形对象。

### 1．创建蒙版

　　在 Illustrator CS3 中，若要为当前图层添加蒙版，可单击"对象"|"剪切蒙版"|"建立"命令。若要编辑图形对象的蒙版区域，则首先选取工具箱中的直接选择工具，然后对蒙版图形对象的路径节点并进行调整，即可改变蒙版的形状。用路径或文字均可创建蒙版，效果如图 4-18 所示。

### 2．释放蒙版

　　若要重新对蒙版中的对象进行编辑，则首先要释放蒙版。使用选择工具选择所要操作的

蒙版对象，然后单击"对象" | "剪切蒙版" | "释放"命令，即可释放创建的剪切蒙版。

使用路径创建蒙版　　　　　　　　使用文字创建蒙版

图 4-18　使用路径或文字创建蒙版的效果

## 4.2　边练实例

本节将在上一节理论学习的基础上练习实例，通过制作网页界面、宣传海报、装饰纹样、艺术字效和音乐插画 5 个实例，强化并延伸前面所学的知识点，达到巧学活用、学有所成的目的。

### 4.2.1　制作网页界面

本实例制作的是网页界面，效果如图 4-19 所示。

本例主要使用"透明度"面板，具体操作步骤如下：

（1）单击"文件" | "新建"命令，新建一个名称为 4-19、宽度和高度分别为 1024pt 和 768pt 的横向空白文件。

（2）选取工具箱中的矩形工具，绘制一个与页面大小相同的矩形，并填充为橙色（CMYK 颜色参考值分别为 0、50、100、0），效果如图 4-20 所示。

（3）单击"编辑" | "复制"命令，复制矩形，单击

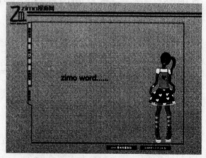

图 4-19　网页界面效果

"编辑" | "贴在前面"命令，原位粘贴所复制的矩形，在"渐变"面板中设置"类型"为"线性"，设置渐变矩形条下方两个渐变滑块分别为橙色（CMYK 颜色参考值分别为 4、25、88、0）和红橙色（CMYK 颜色参考值分别为 20、70、98、0），并设置"角度"为-90 度，为复制的矩形填充渐变颜色，在"透明度"面板中设置"混合模式"为"叠加"、"不透明度"为 75%，效果如图 4-21 所示。

（4）用同样的方法原位复制渐变填充的矩形，在"透明度"面板中设置复制矩形的"混合模式"为"叠加"、"透明度"为 50%，效果如图 4-22 所示。

（5）保持复制的渐变矩形为选中状态，单击"窗口" | "色板库" | "图案" | "装饰" |

"原始动物"命令，弹出"原始动物"面板，选择"班巴拉式颜色"选项，为其填充图案，效果如图 4-23 所示。

（6）选取工具箱中的钢笔工具，绘制一个闭合路径，设置"描边"为黑色、"描边粗细"为 3pt，效果如图 4-24 所示。

（7）使用矩形工具绘制多个矩形，并进行相应的填充，效果如图 4-25 所示。

图 4-20　绘制并填充矩形　　图 4-21　复制矩形并填充渐变色　图 4-22　复制渐变矩形并调整透明度

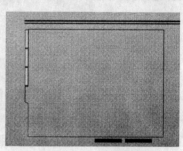

图 4-23　填充图案　　　　图 4-24　绘制并填充闭合路径　　图 4-25　绘制并填充矩形

（8）单击"文件"|"打开"命令，打开一幅素材图形，如图 4-26 所示。

（9）将打开的素材图形复制并粘贴至网页界面文件编辑窗口中，并调整其位置和大小，效果如图 4-27 所示。

（10）用同样的方法打开另一幅素材图形，将其复制并粘贴至网页界面文件的编辑窗口中，效果如图 4-28 所示。

（11）选取工具箱中的文本工具，在图像编辑窗口中的合适位置输入需要的文本，并设置相应的字体和颜色，完成网页界面效果的制作，效果如图 4-29 所示。

图 4-26　打开素材图形

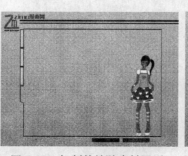
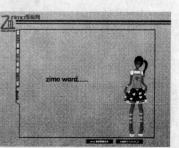

图 4-27　复制并粘贴图形对象　　图 4-28　复制并粘贴素材图形　　图 4-29　输入并设置文字

### 4.2.2　制作宣传海报

本实例制作的是宣传海报，效果如图 4-30 所示。

本例主要用到了剪切蒙版，具体操作步骤如下：

（1）单击"文件" | "打开"命令，打开一幅素材图形，如图 4-31 所示。

（2）使用矩形工具绘制一个合适大小的矩形，并填充为黑色，效果如图 4-32 所示。

（3）单击"文件" | "打开"命令，打开一幅素材图形，如图 4-33 所示。

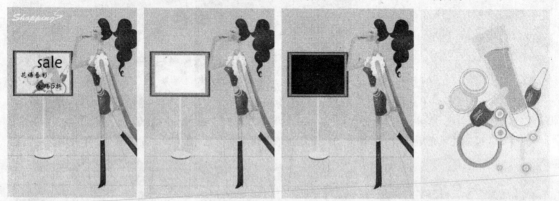

图 4-30　宣传海报效果　　图 4-31　打开素材图形　　图 4-32　绘制并填充矩形　　图 4-33　打开素材图形

（4）将打开的素材图形复制并粘贴至第一次打开的素材图形中，然后调整其叠放顺序，效果如图 4-34 所示。

（5）按住【Shift】键，使用选择工具依次选择粘贴的素材图形和绘制的黑色矩形，并在其上单击鼠标右键，在弹出的快捷菜单中选择"建立剪切蒙版"选项，以创建剪切蒙版，效果如图 4-35 所示。

（6）使用工具箱中的文字工具，在图像编辑窗口中的合适位置输入需要的文字，并设置相应的字体和颜色，效果如图 4-36 所示。至此，完成宣传海报效果的制作。

图 4-34　复制粘贴图形并调整叠放顺序　　图 4-35　创建剪切蒙版　　图 4-36　输入并设置文字

### 4.2.3　制作装饰纹样

本实例制作的是装饰纹样，效果如图 4-37 所示。

本例主要使用了"图层"面板以及创建剪切蒙版命令，具体操作步骤如下：

(1) 单击"文件"|"新建"命令，新建一个名称为4-37、宽度和高度分别为1024pt和768pt的横向空白文件。

(2) 选取工具箱中的矩形工具，绘制一个与页面大小相同的矩形，并填充其颜色为草绿色（CMYK 颜色参考值分别为 50、0、100、0），效果如图 4-38 所示。

(3) 单击"窗口"|"图层"命令，弹出"图层"面板。单击面板底部的"创建新图层"按钮，新建"图层2"，如图 4-39 所示。

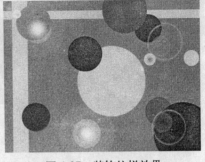

图 4-37　装饰纹样效果

(4) 双击"图层 2"右侧的空白处，弹出"图层选项"对话框，从中设置图层名称为"背景图形"，如图 4-40 所示。

(5) 单击"确定"按钮，更改图层名称，效果如图 4-41 所示。

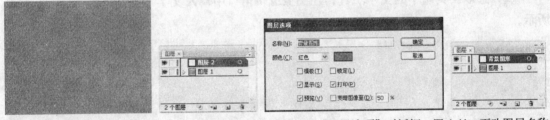

图 4-38　绘制并填充矩形　　图 4-39　"图层"面板　　图 4-40　"图层选项"对话框　　图 4-41　更改图层名称

(6) 选取工具箱中的矩形工具，绘制两个矩形长条，并将其填充为黄色（CMYK 颜色参考值分别为 0、0、100、0），效果如图 4-42 所示。

(7) 选取工具箱中的椭圆工具，按住【Shift】键的同时拖曳鼠标，绘制一个正圆，并将其填充为黄色，效果如图 4-43 所示。

(8) 用与上面同样的方法，绘制其他正圆，并填充相应的颜色，效果如图 4-44 所示。

图 4-42　绘制并填充矩形长条　　　图 4-43　绘制并填充正圆　　　图 4-44　绘制并填充其他正圆

(9) 选取工具箱中的光晕工具，在图形上方添加光晕效果，如图 4-45 所示。

(10) 使用矩形工具，绘制一个与页面大小相同的矩形，如图 4-46 所示。

(11) 选取选择工具，按住【Shift】键的同时，依次选择页面外的图形以及绘制的矩形，并在其上单击鼠标右键，在弹出的快捷菜单中选择"建立剪切蒙版"选项，创建剪切蒙版，效果如图 4-47 所示。至此，完成装饰纹样效果的制作。

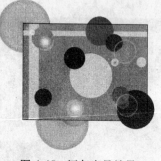

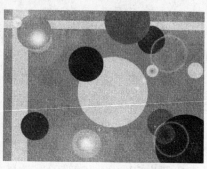

图 4-45 添加光晕效果　　　图 4-46 绘制矩形　　　　图 4-47 创建剪切蒙版

## 4.2.4 制作艺术字效

本实例制作的是艺术字效，效果如图 4-48 所示。

本例主要使用了创建剪切蒙版命令，具体操作步骤如下：

（1）单击"文件"|"打开"命令，打开一幅素材图形，如图 4-49 所示。

（2）选取工具箱中的文字工具，在图像编辑窗口中输入文字"花香花语"，如图 4-50 所示。

图 4-48 艺术字效　　　　图 4-49 打开素材图形　　　　图 4-50 输入文字

（3）选中输入的文字，设置"字体"为"文鼎琥珀繁"、"字号"为 200pt，如图 4-51 所示。

（4）使用选择工具，依次选择素材图形和文字，单击鼠标右键，在弹出的快捷菜单中选择"建立剪切蒙版"选项，创建剪切蒙版，效果如图 4-52 所示。单击"编辑"|"复制"命令，对创建了剪切蒙版的文字图形进行复制。

（5）单击"文件"|"打开"命令，打开一幅素材图形，如图 4-53 所示。

图 4-51 设置文字　　　　图 4-52 创建剪切蒙版　　　　图 4-53 打开素材图形

（6）单击"编辑"|"粘贴"命令，将复制的图形粘贴到打开的素材图形文件中，并调整图形位置和大小，效果如图 4-54 所示。

（7）选取工具箱中的光晕工具，为图形添加光晕效果，效果如图 4-55 所示。

（8）使用矩形工具，绘制一个与页面大小相同的矩形，在按住【Shift】键的同时，使用选择工具选择光晕图形和矩形，并创建剪切蒙版，效果如图 4-56 所示。至此，艺术字效制作完成。

图 4-54　粘贴图形　　　　图 4-55　添加光晕效果　　　　图 4-56　创建剪切蒙版

## 4.2.5　制作幼儿园广告

本实例制作的是幼儿园广告，效果如图 4-57 所示。

本例主要使用了创建剪切蒙版命令，具体操作步骤如下：

（1）单击"文件"|"打开"命令，打开一幅素材图形，如图 4-58 所示。单击"编辑"|"复制"命令，对素材图形进行复制。

（2）单击"文件"|"打开"命令，打开另一幅素材图形，如图 4-59 所示。

图 4-57　幼儿园广告效果

（3）将复制的图形粘贴到该素材图形窗口中，并调整图形的叠放顺序，如图 4-60 所示。

图 4-58　打开素材图形　　　　图 4-59　打开素材图形　　　　图 4-60　粘贴并调整图形

（4）使用钢笔工具，绘制一个闭合路径，效果如图 4-61 所示。

（5）选取工具箱中的选择工具，在按住【Shift】键的同时依次选择粘贴的素材图形和绘制的路径，单击鼠标右键，在弹出的快捷菜单中选择"建立剪切蒙版"选项，创建剪切蒙版，效果如图 4-62 所示。

（6）使用文字工具在图像编辑窗口中的合适位置输入相应的文字，并设置好相应的字体、字号和颜色，效果如图 4-63 所示。至此，完成幼儿园广告的制作。

图 4-61　绘制闭合路径

图 4-62　创建剪切蒙版

图 4-63　输入并设置相应的文字

# 课堂总结

## 1. 基础总结

本章的基础内容部分首先介绍了"图层"面板的使用以及编辑和管理图层的有关操作，然后介绍了创建蒙版和释放蒙版的方法，让读者熟练掌握"图层"面板的相关操作和剪切蒙版的创建方法。

## 2. 实例总结

本章通过制作网页界面、宣传海报、装饰纹样、艺术字效和幼儿园广告 5 个实例，强化训练了"图层"面板的操作和剪切蒙版的创建方法，如使用"透明度"面板制作网页界面、使用创建剪切蒙版命令制作宣传海报、使用"图层"面板以及创建剪切蒙版命令制作装饰纹样等，让读者在实战中巩固知识，提升制作与设计能力。

# 课后习题

## 一、填空题

1. 单击"窗口"|"图层"命令，或按_____键，均可弹出"图层"面板。

2. 若要将图层合并到一个图层或组中，按住_____或【Shift】键的同时单击要合并的图层或组的名称，单击"图层"面板右上角的 ▼≡ 图标，在弹出的面板菜单中选择_____选项，即可将选择的图层或组进行合并。

3. 混合模式列表框中共有_____种混合模式。

## 二、简答题

1. 简述移动图层的方法。
2. 简述合并图层的方法。

## 三、上机题

1. 绘制两个图形，并创建剪切蒙版。

图 4-64　创建蒙版后的图形效果

2. 使用创建剪切蒙版命令制作如图 4-64 所示的图形效果。

# 第 *5* 章　创建与编辑文字

Illustrator CS3 提供了强大的文本编辑和图文混排功能，与 Photoshop 的文字排版功能相比，Illustrator CS3 在这一方面的功能更为全面和强大，无论是在制作特效文字还是在编辑排版方面，都能够完全胜任。本章将主要介绍创建与编辑文字的方法。

## 5.1　边学基础

Illustrator CS3 不但可以创建横排或竖排的文本，而且还可以编辑文本的属性，如字体、字号、行距、字符间距及文字的对齐方式等。另外，在 Illustrator CS3 中还可以制作文本特效，如弯曲的文字效果、沿着路径输入文本或将文本输入任意形状的路径中。

### 5.1.1　创建文本

Illustrator CS3 是一款图形设计应用软件，但是其文本编辑功能也非常强大，其工具箱中为用户提供了 6 种文字工具，分别为文字工具 T 、区域文字工具 T 、路径文字工具 、直排文字工具 T 、直排区域文字工具 T 和直排路径文字工具 。使用这些文字工具不仅可以按常规方法输入文本，还可以将输入的文本限制在一个区域内。

#### 1. 使用文字具和直排文字工具

使用文字工具 T 和直排文字工具 T 都可以在图像编辑窗口的任意位置直接输入文字，其输入方法是相同的，只是文本的排列方式不同。使用这两种文字工具输入文字的方法有两种：一是在指定的位置直接输入；二是在指定的区域内进行输入。

　　⊃　输入点文字

使用工具箱中的文字工具或直排文字工具在图像编辑窗口中输入文字时，默认情况下文字不能自动换行，需要换行时，必须按【Enter】键强制换行，这种文字称为点文字。如图 5-1 所示即为使用文字工具和直排文字工具输入点文字的效果。

使用文字工具输入点文字　　　　　　　　使用直排文字工具输入点文字

图 5-1　输入点文字

　　⊃　输入段落文本

使用工具箱中的文字工具或直排文字工具在图像编辑窗口中指定的范围内输入文字时，

输入的文字会自动换行，这种文字称为段落文本。如图 5-2 所示即为使用文字工具和直排文字工具输入段落文本的效果。

### 2．使用区域文字工具和直排区域文字工具

使用区域文字工具 和直排区域文字工具 可以在闭合的路径对象内输入文本，以创建独特文本框形状的区域文本对象。如图 5-3 所示即为使用区域文字工具和直排区域文字工具输入文字的效果。

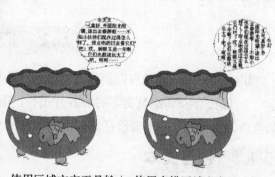

使用文字工具输入　　　使用直排文字工具输入　　　使用区域文字工具输入　使用直排区域文字工具输入

图 5-2　输入段落文本　　　　　图 5-3　使用区域文字工具和直排区域文字工具输入文字

### 3．使用路径文字工具和直排路径文字工具

使用路径文字工具 和直排路径文字工具 可以使文本对象沿着路径排列，路径可以是开放路径，也可以是闭合路径。输入文本后的路径将失去其填充和轮廓属性，但可使用相关工具编辑其锚点和形状。如图 5-4 所示即为使用路径文字工具和直排路径文字工具创建的文字效果。

使用路径文字工具输入文字　　　　　使用直排路径文字工具输入文字

图 5-4　使用路径文字工具和直排路径文字工具输入文字

### 5.1.2　设置字符格式

Illustrator CS3 与其他图形软件一样，能够方便地编辑文本对象的字符格式，如字体、字号、行距和字符间距等，使其更符合版面设计的要求。

### 1．"字符"面板

通过"字符"面板可以设置文本对象的字符格式，包括字体、字号、行距和字符间距等。

单击"窗口"|"文字"|"字符"命令，或按【Ctrl＋T】组合键，打开"字符"面板。默认情况下，"字符"面板并没有完全显示，若要完全显示，只需单击面板右上角的▼≡图标，在弹出的面板菜单中选择"显示选项"命令即可，如图 5-5 所示。

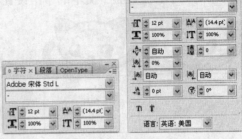

### 2．设置字体与字号

字体可以通过"字符"面板进行设置，也可以单击"文字"|"字体"命令，在弹出的子菜单中选择相应的字体。

图 5-5　"字符"面板

用户可以在"字符"面板的"设置字体系列"下拉列表框中选择所需的字体类型，同时还可在"设置字体样式"下拉列表框中选择所需的字体样式，不过需要注意的是，该选项只能设置英文字体类型。

字号即文字的尺寸大小。在 Illustrator CS3 中，字号一般以 pt 为度量单位。用户可以在"字符"面板的"设置字体大小"下拉列表框中选择预设的字号，也可以在其中直接输入字号的数值，取值范围为 0.1pt～1296pt。

### 3．设置行距

行距指两行文字之间的距离。用户可以在输入文本之前在"字符"面板的"设置行距"下拉列表框中设置行距，也可以在输入文本之后选择需要操作的文字，然后通过"字符"面板调整行距。图 5-6 所示为设置行距前与设置行距后的文本对比效果。

设置行距前　　　　　　　　　　　　　　　　　设置行距后

图 5-6　设置行距

### 4．调整字符间距

字符间距是指文字之间的距离，在 Illustrator CS3 中，可以通过"字符"面板中的"设置两个字符间的字符间距调整"选项和"设置所选字符的字符间距调整"选项设置字符间距。两者的不同之处在于：前者是用于设置两个字符之间的距离，而后者是用于设置文字本身的间距。

在进行两个文字之间的字距设置时，必须将光标置于两个字符之间，然后在"字符"面板中单击"设置两个字符间的字符间距调整"下拉列表框右侧的 按钮，在弹出的下拉列表中选择需要的字距大小，即可完成两个文字之间距离的设置，效果如图 5-7 所示。

若要对整个文本进行字距调整，可使用鼠标选择所需的文字，然后在"字符"面板中单击"设置所选字符的字符间距调整"下拉列表框右侧的 ∨ 按钮，在弹出的下拉列表中选择需要的字距大小，完成整个文本的字距设置，效果如图 5-8 所示。

图 5-7　设置两个字符间的字距　　　　　　　　图 5-8　调整整个文本的字距

### 5．设置基线偏移

"设置基线偏移"选项用于调整文本与基线之间的距离，可以适当地向上或向下移动选择的文本。

通过改变字号大小和调整字符的基线位置，可以制作出上标和下标效果，如图 5-9 所示。

通过"设置基线偏移"选项，也可以改变文本在路径上的位置。如要把路径上的文字放置在路径内侧，将文字的基线偏移设置为一个合适的负值后，按【Enter】键即可，效果如图 5-10 所示。

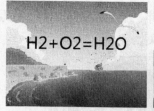 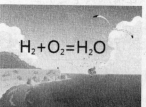  

设置基线偏移前　　　　　设置基线偏移后　　　　设置基线偏移前　　　　设置基线偏移后

图 5-9　设置基线偏移　　　　　　　　　图 5-10　设置基线偏移

## 5.1.3　设置段落文本的格式

在 Illustrator CS3 中，还可以为整个段落文本对象设置对齐方式、缩进和段落间距等属性，这样可以使选中的段落文本对象形成统一的段落风格，使整个版面看起来更加整洁有序。

### 1．"段落"面板

在 Illustrator CS3 中，可以通过在"段落"面板进行相应的参数设置和编辑操作，来设置段落文本的对齐方式和缩进等。单击"窗口"|"文字"|"段落"命令，弹出"段落"面板。默认情况下，"段落"面板并没有完全显示，若要完全显示，只需单击面板右上角的 ·≡ 图标，在弹出的面板菜单中选择"显示选项"选项即可，如图 5-11 所示。

### 2．设置对齐方式

"段落"面板中提供了 7 个对齐按钮，主要用于设置段落文本的不同对齐方式。各按钮的含义如下：

&#10145; "左对齐"按钮 ▤："左对齐"为段落文本默认的对齐方式，单击该按钮，段落文本中的文本对象，将以整个文本对象的边缘为界进行文本左对齐，效果如图 5-12 所示。

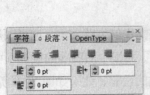

图 5-11　"段落"面板　　　　　　　　　　　　　图 5-12　左对齐

&#10145; "居中对齐"按钮 ▤：单击该按钮，段落文本中的文本对象，将以整个文本对象的中心线为界，进行文本居中对齐，效果如图 5-13 所示。

&#10145; "右对齐"按钮 ▤：单击该按钮，段落文本中的文字对象将以文本框的右边缘为界进行对齐，效果如图 5-14 所示。

&#10145; "两端对齐，末行左对齐"按钮 ▤：单击该按钮，段落文本中的文本对象将以文本框的左右两边为界对齐，但会将处于段落文本最后一行的文本以其文本框的左边缘为界进行对齐。

&#10145; "两端对齐，末行居中对齐"按钮 ▤：单击该按钮，段落文本中的文本对象将以文本框的左右两边为界对齐，但会将处于段落文本最后一行的文本以其中心线为界进行居中对齐。

&#10145; "两端对齐，末行右对齐"按钮 ▤：单击该按钮，段落文本中的文本对象将以文本框的左右两边为界对齐，但会将处于段落文本最后一行的文字以其右边为界进行对齐。

&#10145; "全部两端对齐"按钮 ▤：单击该按钮，段落文本中的文本对象将以文本框的左右两边为界对齐段落中的所有文本对象，效果如图 5-15 所示。

图 5-13　居中对齐　　　　　　　　图 5-14　右对齐　　　　　　　　图 5-15　全部两端对齐

对直排段落文本进行对齐操作时，对齐功能的效果会有所不同：顶对齐的直排文本将沿着文本框的顶端对齐，底对齐的直排文本将沿着文本框的底端对齐，居中对齐的直排文本将垂直居中文本而不是水平居中，全部两端对齐方式将纵向拉伸填充文本而不是横向拉伸。

### 3．设置段落缩进

段落缩进是指段落文本每行文字两端与文本框边界之间的间隔距离。在 Illustrator CS3 中，不仅可以分别设置段落文本与文本框左、右边界的缩进量数值，还可以单独设置段落文本第一行文字的缩进量数值，缩进量参数的取值范围为-1296～1296。

缩进量数值的设置只对所选的或光标所在的段落产生影响，因此可以很方便地在段落中设置所需行文本对象的缩进量数值。

若要设置文本段落的缩进方式，首先使用文字工具选择所需操作的段落文本，也可以用选择工具在所需操作段落的任意位置单击鼠标左键，然后在"段落"面板中的段落缩进选项中设置所需的数值，按【Enter】键确认操作，完成段落文本缩进方式的设置，效果如图 5-16 所示。

左缩进　　　　　　　　　　　　　　　　　　右缩进

图 5-16　设置不同的段落缩进方式

### 4．设置段落间距

在 Illustrator CS3 中，不仅可以设置段落的缩进量，而且还可以设置段落与段落之间的间隔距离。

若要设置段落间距，首先要使用工具箱中的文字工具在图像编辑窗口中选择需要操作的文本段落，或者在需操作段落的第一个文字处单击鼠标左键，然后根据需要在"段落"面板中设置"段前间距"和"段后间距"的值，按【Enter】键确认，即可完成对段落的间距设置，效果如图 5-17 所示。

设置段前间距　　　　　　　　　　　　　　　设置段后间距

图 5-17　设置不同段落间距的段落文本

## 5.1.4　图文混排、分栏及将文本转换为轮廓

Illustrator CS3 具有较强的图文混排功能，在 Illustrator CS3 中用户可以进行图文混排、文本对象的分栏和文本对象的转换等高级编辑操作。通过这些编辑操作，可以使文本对象的应用范围变得更加广泛，从而满足用户的需求。

对文本对象分栏与图文混排的前提是文本必须是段落文本或区域文本，不能是点文本和路径文本。在文本中插入的图形可以是任意形态的路径，也可以是置入的位图图像或使用画

笔工具绘制的图形对象，但需要经过处理后才可以进行图文混排。

### 1．图文混排

在 Illustrator CS3 中，可以像在 PageMaker 软件中一样进行图文混合排列。单击"图像"|
"文本绕排"|"建立"命令，即可创建图文混排效果。Illustrator CS3 中的图文混排方式可以
分为规则图文混排和不规则图文混排两种，效果如图 5-18 所示。

　　　　规则的图文混排效果　　　　　　　　　　　　不规则的图文混排效果

图 5-18　图文混排效果

### 2．分栏

在 Illustrator CS3 中处理段落文本时，有时需要根据版面将其分成多栏进行排版，并且还
要确定文本对象的排列方向。但要注意的是，分栏
操作只适用于被选择的整个段落文本对象，不能对
其中的部分文字进行分栏操作。此外，也不能对点
文本和路径文本进行分栏操作。

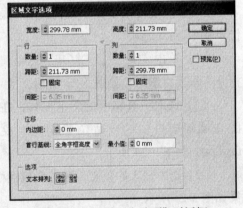

要对文本进行分栏操作，首先需使用选择工具
选择要操作的段落文本对象，然后单击"文字"|"区
域文字选项"命令，弹出"区域文字选项"对话框，
如图 5-19 所示。

在该对话框中，可以设置文本框的高度和宽度，
也可以设置分栏的行数、列数、跨距以及栏与栏之

图 5-19　"区域文字选项"对话框

间的距离。若选中"行"和"列"选项区的两个"固定"复选框，则无论怎样调整文本框的
大小，仍保持所设置的行和列的跨距不变。此外，还可以设置文本框的偏移值和文本的排列
方向，有两种文本排列方向供用户选择，设置完成后单击"确定"按钮，即可将所设置的参
数应用于段落文本，效果如图 5-20 所示。

### 3．将文本对象转换为轮廓

在 Illustrator CS3 中，可以单击"文字"|"创建轮廓"命令，将文本对象转换为图形对
象，以便对文本对象进行更多的图形效果设置与编辑。

在图像编辑窗口中创建一个区域文本对象，使用工具箱中的选择工具将其选中，然后单

击"文字"|"创建轮廓"命令，或单击鼠标右键，在弹出的快捷菜单中选择"创建轮廓"选项，即可将选中的文本对象转换为轮廓，效果如图 5-21 所示。

图 5-20　不同的文本排列方向

图 5-21　将文本对象转换为轮廓

## 5.2　边练实例

本节将在上一节理论学习的基础上练习实例，通过制作服装广告、公益海报、月夜星空、化妆品广告和汽车广告 5 个实例，强化并延伸前面所学的知识点，达到巧学活用、学有所成的目的。

### 5.2.1　制作服装广告

本实例制作的是服装广告，效果如图 5-22 所示。

本实例主要使用了文字工具，具体操作步骤如下：

（1）单击"文件"|"打开"命令，打开一幅素材图形，如图 5-23 所示。

（2）选取工具箱中的文字工具，在图像编辑窗口中的合适位置输入英文 fashion，如图 5-24 所示。

图 5-22　服装广告效果

（3）选中输入的英文，在工具属性栏中设置"字体"为 Arial、"字体大小"为 48pt，效果如图 5-25 所示。

（4）选取工具箱中的文字工具，在图像编辑窗口中的合适位置按住鼠标左键并拖动鼠标，拖至合适的位置后释放鼠标，创建一个文本框，如图 5-26 所示。

（5）在创建的文本框内输入相应的文字，如图 5-27 所示。

（6）使用选择工具选择输入的文字，在工具属性栏中设置"字体"为"隶书"、"字体大小"为 18pt，效果如图 5-28 所示。

（7）使用工具箱中的光晕工具，在图像编辑窗口中的合适位置添加光晕效果，如图 5-29 所示。

（8）选取工具箱中的矩形工具，在图形的合适位置绘制 3 个矩形条，效果如图 5-30 所示。至此，完成服装广告的制作。

图 5-23  打开素材图形

图 5-24  输入英文

图 5-25  设置文字格式

图 5-26  创建文本框

图 5-27  输入相应的文字

图 5-28  设置文字格式

图 5-29  添加光晕效果

图 5-30  绘制矩形条

### 5.2.2 制作公益海报

本实例制作的是公益海报，效果如图 5-31 所示。

本实例主要使用了文字工具和路径文字工具，具体操作步骤如下：

(1) 单击"文件"|"打开"命令，打开一幅素材图像，如图 5-32 所示。

(2) 选取工具箱中的文字工具，在图像编辑窗口中的合适位置输入需要的文字，并设置相应的字体和字号，效果如图 5-33 所示。

图 5-31　公益海报效果

图 5-32　打开素材图像

图 5-33　输入点文字

(3) 使用文字工具，在图像编辑窗口中的合适位置按住鼠标左键并拖动鼠标，创建一个文本框，如图 5-34 所示。

(4) 在文本框中输入相应的文字，如图 5-35 所示。

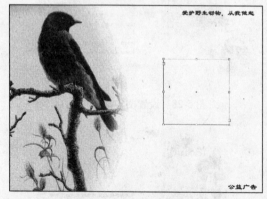

图 5-34　创建文本框

图 5-35　输入相应的文字

(5) 选择输入的段落文本，在工具属性栏中设置"字体"为"华文琥珀"、"字体大小"为24pt，效果如图 5-36 所示。

(6) 使用工具箱中的钢笔工具，在图像编辑窗口中的合适位置绘制一条开放的路径，如图 5-37 所示。

图 5-36　设置文字格式

图 5-37　绘制开放路径

（7）选取工具箱中的文字工具，在绘制的路径边缘单击鼠标左键，确定文字的插入点，此时光标呈闪烁状态，如图 5-38 所示。

（8）输入需要的文字，并设置其"字体"为"华文琥珀"、"字体大小"为 18pt，效果如图 5-39 所示。至此，完成公益海报效果的制作。

图 5-38　确定文字的插入点

图 5-39　输入并设置文字

## 5.2.3　制作月夜星空

本实例制作的是月夜星空，效果如图 5-40 所示。

本实例主要使用了文字工具和"创建轮廓"命令，具体操作步骤如下：

（1）单击"文件"|"打开"命令，打开一幅素材图形，如图 5-41 所示。

（2）使用钢笔工具，绘制一条开放的路径，如图 5-42 所示。

（3）选取工具箱中的文字工具，将鼠标指针移至路径的边缘位置，当鼠标指针呈形状时，单击鼠标左键，确定文字的插入点，此时光标呈闪烁状态，如图 5-43 所示。

图 5-40　月夜星空效果

（4）在路径上方输入相应的文字，如图 5-44 所示。

图 5-41　打开素材图形

图 5-42　绘制开放路径

图 5-43　确认文字插入点

图 5-44　输入相应的文字

（5）选择输入的路径文字，在工具属性栏中设置其"字体"为"幼圆"、"颜色"为白色，效果如图 5-45 所示。

（6）使用工具箱中的文字工具，在图像编辑窗口中的合适位置输入文字"雪天使"，使用选择工具选中输入的文字，设置"字体"为"华文琥珀"、"字体大小"为 100pt，效果如图 5-46 所示。

图 5-45　设置文字

图 5-46　输入其他文字

（7）保持文字"雪天使"为选中状态，单击鼠标右键，在弹出的快捷菜单中选择"创建轮廓"选项，将文本转换为轮廓，如图 5-47 所示。

（8）使用工具箱中的直接选择工具调整轮廓文字的形状，效果如图 5-48 所示。至此，完成月夜星空效果的制作。

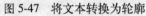

图 5-47　将文本转换为轮廓　　　　　　　　图 5-48　调整轮廓文字形状

### 5.2.4　制作化妆品广告

本实例制作的是化妆品广告，效果如图 5-49 所示。

本实例主要使用了文字工具，具体操作步骤如下：

（1）单击"文件"｜"打开"命令，打开一幅素材图形，如图 5-50 所示。

（2）使用工具箱中的椭圆工具，按住【Shift】键的同时拖曳鼠标，绘制一个正圆，如图 5-51 所示。

（3）选取工具箱中的文字工具，将鼠标指针移到正圆轮廓上，当鼠标指针呈 形状时，单击鼠标左键，确定文字的插入点，如图 5-52 所示。

图 5-49　化妆品广告效果　　图 5-50　打开素材图形　　图 5-51　绘制正圆　　图 5-52　确定文字插入点

（4）输入相应的文字，并设置文字的"字体"为 Arial、"字体大小"为 10pt，效果如图 5-53 所示。

（5）在工具属性栏中设置填充颜色为白色，并调整图层的叠放顺序，效果如图 5-54 所示。

（6）单击"窗口"｜"透明度"命令，打开"透明度"面板，设置"不透明度"为 50%，效果如图 5-55 所示。至此，完成化妆品广告效果的制作。

图 5-53　设置文字　　　图 5-54　设置文字颜色及调整叠放顺序　　　图 5-55　调整文字的透明度

## 5.2.5　制作汽车广告

本实例制作的是汽车广告,效果如图 5-56 所示。

本实例主要使用了文字工具,具体操作步骤如下:

（1）单击"文件"|"打开"命令,打开一幅素材图形,如图 5-57 所示。

（2）使用工具箱中的钢笔工具,在图像编辑窗口中的适当位置绘制一条曲线,如图 5-58 所示。

（3）使用文字工具在绘制的曲线上输入相应的文字,如图 5-59 所示。

图 5-56　汽车广告效果

（4）选择路径文字,在工具属性栏中设置"字体"为"华文琥珀"、"字体大小"为 25pt、"填充"为白色,效果如图 5-60 所示。

（5）使用文字工具,在图像编辑窗口的右上角输入相应的文字,如图 5-61 所示。

（6）设置输入文字的"字体"为"华文琥珀"、"字体大小"为 18pt,效果如图 5-62 所示。至此,完成汽车广告效果的制作。

图 5-57　打开素材图形　　　　　　　　　　图 5-58　绘制曲线

图 5-59　输入文字

图 5-60　设置文字属性

图 5-61　输入文本

图 5-62　设置文字属性

# 课 堂 总 结

## 1．基础总结

本章的基础内容部分首先介绍了创建文本的工具，包括文字工具、直排文字工具、区域文字工具、直排区域文字工具、路径文字工具和直排路径文字工具，然后介绍了"字符"面板和"段落"面板中的相关选项，最后介绍了图文混排、分栏及将文本转换为轮廓等操作，让读者快速掌握创建与编辑文字的方法。

## 2．实例总结

本章通过制作服装广告、公益海报、月夜星空、化妆品广告和汽车广告 5 个实例，强化训练了文字工具、"字符"面板以及"段落"面板的应用，如使用文字工具制作服装广告、使用路径文字工具制作公益海报、使用文字工具和"创建轮廓"命令制作月夜星空等，让读者在实战中巩固知识，提升制作和设计能力。

# 课 后 习 题

## 一、填空题

1．Illustrator CS3 提供了 6 种文本工具，分别为＿＿＿＿＿＿＿、＿＿＿＿＿＿＿、路径文

字工具、直排文字工具、直排区域文字工具和＿＿＿＿＿＿。

2．文字工具和直排文字工具的文字输入方式有两种：一是在指定的位置直接输入；二是在＿＿＿＿＿＿内进行输入。

3．使用路径文字工具和直排路径文字工具可以使文本对象沿着路径排列，路径可以是开放路径，也可以是＿＿＿＿＿＿。

## 二、简答题

1．简述设置基线偏移的方法。

2．段落面板中包括哪几个对齐按钮？

## 三、上机题

1．练习使用"字符"面板对文字格式进行设置。

2．练习使用图文混排功能，制作出如图 5-63 所示的效果。

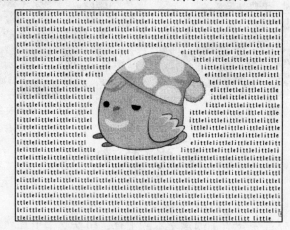

图 5-63　图文混排

# 第 6 章 添加滤镜与效果

使用滤镜与效果,可以为 Illustrator 中的对象、组或图层的外观设置特殊效果,并可以通过"外观"面板控制滤镜和效果参数。本章将讲解如何为图层、组或对象添加并编辑滤镜和效果。

## 6.1 边学基础

使用滤镜和效果可以改变 Illustrator 中的大多数对象、组或图层的外观。其使用方法与 Photoshop 中滤镜的使用方法相似,不同之处是,在 Illustrator 中,如果对添加的滤镜和效果不满意,还可以继续对滤镜或效果的各项参数进行修改。另外,作为一个矢量绘图软件,Illustrator 也可以为位图添加滤镜效果。

### 6.1.1 "扭曲"滤镜组

使用 Illustrator "扭曲"滤镜组中的滤镜命令,能够使图形对象产生各种特殊变形效果。"扭曲"滤镜组中包括"扭拧"、"扭转"、"收缩和膨胀"、"波纹效果"、"粗糙化"和"自由扭曲"6 个滤镜,在此只对其中的 3 种进行详细讲解。

**1."扭转"滤镜**

"扭转"滤镜可以使选择的图形对象产生类似漩涡的特殊效果。在图像编辑窗口中选择一个矢量图形,然后单击"滤镜"|"扭曲"|"扭转"命令,弹出"扭转"对话框,该对话框中的"角度"数值框用于控制所选图形的扭转角度。如图 6-1 所示为应用"扭转"滤镜前与应用"扭转"滤镜后的对比效果。

**2."收缩和膨胀"滤镜**

"收缩和膨胀"滤镜可以使选择的图形对象从其路径节点处开始向内或向外产生扭曲变形效果。

在图像编辑窗口中选择一个矢量图形,然后单击"滤镜"|"扭曲"|"收缩和膨胀"命令,弹出"收缩和膨胀"对话框,如图 6-2 所示。

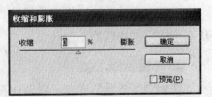

图 6-1 应用"扭转"滤镜　　　　　图 6-2 "收缩和膨胀"对话框

在该对话框中，可以拖动"收缩"和"膨胀"选项下方的滑块进行收缩和膨胀效果的控制。向左拖动滑块，可以创建收缩效果；向右拖动滑块，可以创建膨胀效果。也可以通过在其上方的数值框中输入数值的方法来改变收缩和膨胀的效果：若输入的参数值为负值，则创建收缩效果；若输入的参数值为正值，则创建膨胀效果。图 6-3 所示为图形应用"收缩和膨胀"滤镜前后的对比效果。

　　　　原图　　　　　　　　　　　输入负值时　　　　　　　　　　输入正值时

图 6-3　应用"收缩和膨胀"滤镜前后的对比效果

### 3."波纹效果"滤镜

　　"波纹效果"滤镜可以在图形对象的路径边缘产生规则的波纹效果。在图像编辑窗口中选择一个矢量图形，单击"滤镜"|"扭曲"|"波纹效果"命令，弹出"波纹效果"对话框，如图 6-4 所示。在该对话框中进行相应的设置，然后单击"确定"按钮，即可对图形应用波纹效果。

　　对图形应用"波纹效果"滤镜后的效果如图 6-5 所示。

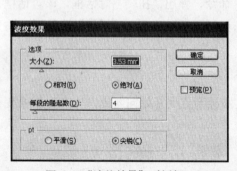

图 6-4　"波纹效果"对话框

图 6-5　应用"波纹效果"滤镜前后效果对比

## 6.1.2　"素描"滤镜组

　　应用"素描"滤镜组中的滤镜，可以用当前设置的描边和填充色来置换图像中的色彩，从而生成一种特殊的图像效果。

### 1."便条纸"滤镜

　　应用"便条纸"滤镜可以简化图像，使图像中的深色区域凹陷下去，而浅色区域将凸现出来，从而产生一种类似于浮雕的效果。

在图像编辑窗口中选择一幅位图图像，单击"滤镜"|"素描"|"便条纸"命令，弹出"便条纸"对话框，如图 6-6 所示。

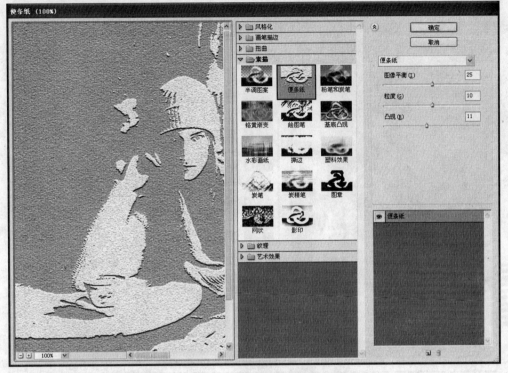

图 6-6 "便条纸"对话框

"便条纸"对话框中主要选项的含义如下：

➲ 图像平衡：用于调整图像中高光区域与阴影区域的平衡。

➲ 粒度：用于设置图像生成颗粒的大小。

➲ 凸现：用于设置图像中凸出部分的起伏程度。

### 2. "撕边"滤镜

"撕边"滤镜可以用粗糙的颜色边缘模拟碎纸片的效果。在图像编辑窗口中选择一幅位图图像，单击"滤镜"|"素描"|"撕边"命令，弹出"撕边"对话框，如图 6-7 所示。

"撕边"对话框中主要选项的含义如下：

➲ 图像平衡：用于设置使用的前景色与背景色之间的平衡程度。

➲ 平滑度：用于设置图像的平滑程度。

➲ 对比度：用于设置所使用的前景色与背景色之间的对比度。

### 3. "水彩画纸"滤镜

"水彩画纸"滤镜可以使图像产生在潮湿的纤维上涂抹，颜色溢出并与纸张混合后的图像效果。在图像编辑窗口中选择一幅位图图像，单击"滤镜"|"素描"|"水彩画纸"命令，弹出"水彩画纸"对话框，如图 6-8 所示。

"水彩画纸"对话框中主要选项的含义如下：

⊃ 纤维长度：用于设置图像的扩散程度。

⊃ 亮度：用于设置图像的亮度。

⊃ 对比度：用于设置图像的对比程度。

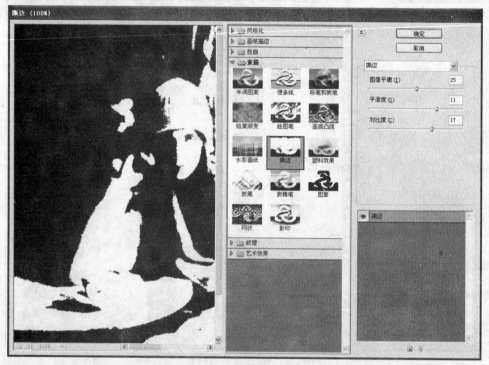

图 6-7 "撕边"对话框

图 6-8 "水彩画纸"对话框

### 6.1.3  3D 效果组

3D 效果可以将二维图像创建为三维对象，其工作原理是：通过高光、阴影、旋转及其他属性来控制三维对象的外观。另外，还可以将图像贴到三维对象中的每一个表面上。

在 Illustrator CS3 中，创建三维对象的方法有两种：一是通过凸出图形来创建三维对象；二是通过绕转图形来创建三维对象。另外，还可以在三维空间中旋转二维或三维对象。

#### 1．"凸出和斜角"效果

"凸出和斜角"效果的工作原理是：沿对象的 Z 轴凸出拉伸二维对象，以增加对象的深度。

在图像编辑窗口中选择一个图形对象，单击"效果"|3D|"凸出和斜角"命令，弹出"3D 凸出和斜角选项"对话框，如图 6-9 所示。

在该对话框中进行相应设置后，单击"确定"按钮，即可将"凸出和斜角"效果应用于图形对象，效果如图 6-10 所示。

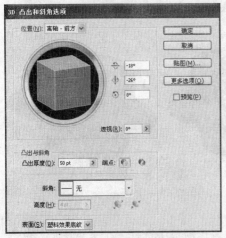

图 6-9  "3D 凸出和斜角选项"对话框

图 6-10  应用"凸出和斜角"前后效果对比

#### 2．"绕转"效果

对一个或多个对象应用 3D "绕转"效果，此时对象将同时围绕其自身的绕转轴绕转，每个对象都会停留在自己的三维空间中，而不会与其他的三维对象发生交叉，从而创建出三维效果。

在图像编辑窗口中选择一个图形对象，单击"效果"|3D|"绕转"命令，弹出"3D 绕转选项"对话框，如图 6-11 所示。

在该对话框中进行相应设置后，单击"确定"按钮，即可将"绕转"效果应用于图形对象，效果如图 6-12 所示。

#### 3．"旋转"效果

"旋转"命令是对使用过"凸出和斜角"及"绕转"效果后的图形进行旋转。

在图像编辑窗口中选择需要旋转的三维图形，单击"效果"|3D|"旋转"命令，在弹出的提示信息框中单击"应用新效果"按钮，弹出"3D 旋转选项"对话框，如图 6-13 所示。

在该对话框中进行相应设置后，单击"确定"按钮，即可将"旋转"效果应用于三维图形，效果如图 6-14 所示。

图 6-11 "3D 绕转选项"对话框

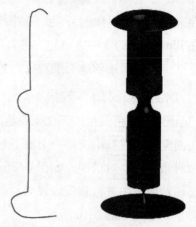

图 6-12 应用"绕转"前后效果对比

图 6-13 "3D 旋转选项"对话框

图 6-14 应用"旋转"前后效果对比

## 6.1.4 "变形"效果组

Illustrator CS3 具有使图形变形的功能。在当前图像编辑窗口中选择一个矢量图形，单击"效果" | "变形" | "弧形"命令，弹出"变形选项"对话框，如图 6-15 所示。

"变形选项"对话框中主要选项的含义如下：

⊃ "样式"下拉列表框：单击其右侧的 ∨ 按钮，将弹出变形样式下拉列表，如图 6-16 所示。从中可以选择所需的样式，来对图形进行变形操作。

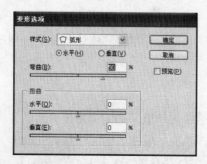

图 6-15 "变形选项"对话框

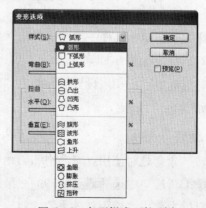

图 6-16 变形样式下拉列表

○ "弯曲"文本框：用于设置图形的弯曲程度。

○ "水平"文本框：用于设置图形在水平方向上扭曲的程度。

○ "垂直"文本框：用于设置图形在垂直方向上扭曲的程度。

用"变形选项"对话框"样式"下拉列表框中的相关选项对图形进行变形的效果如图 6-17 所示。

原图形                    拱形                    鱼眼

图 6-17   图形应用不同变形样式后的效果

## 6.1.5 "风格化"效果组

"效果"菜单下的"风格化"命令与"滤镜"菜单下的"风格化"命令类似，"效果"菜单中增加了"内发光"、"外发光"、"涂抹"和"羽化" 4 个命令，下面对这 4 个命令进行详细介绍。

### 1. "内发光"效果

在图像编辑窗口中选择一个对象，单击"效果"|"风格化"|"内发光"命令，弹出"内发光"对话框，如图 6-18 所示。

"内发光"对话框中主要选项的含义如下：

○ "模式"下拉列表框：用于设置发光的混合模式。

○ "不透明度"数值框：用于设置发光的不透明度。

○ "模糊"数值框：用于设置发光的模糊程度。

○ "中心"单选按钮：选中该单选按钮，可以为所选对象应用从中心向外发散的发光效果。

○ "边缘"单选按钮：选中该单选按钮，可以为所选对象应用从对象内部边缘向外发散的发光效果。

应用"内发光"效果后的图形如图 6-19 所示。

### 2. "外发光"效果

应用"外发光"效果可以使图形对象的外边缘产生发光效果。在图像编辑窗口中选择一个对象，单击"效果"|"风格化"|"外发光"命令，弹出"外发光"对话框，如图 6-20 所示。

应用"外发光"效果后的图形如图 6-21 所示。

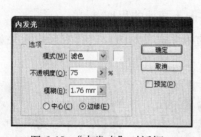

图 6-18  "内发光"对话框    　　　图 6-19  应用"内发光"前后效果对比

图 6-20  "外发光"对话框    　　　图 6-21  应用"外发光"前后效果对比

### 3."涂抹"效果

应用"涂抹"效果，可以使图形具有类似于手绘的效果。在图像编辑窗口中选择一个对象，单击"效果"|"风格化"|"涂抹"命令，弹出"涂抹选项"对话框，如图 6-22 所示。在该对话框中进行设置后单击"确定"按钮，即可将"涂抹"效果应用于图形。

应用"涂抹"效果后的图形如图 6-23 所示。

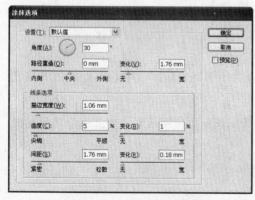

图 6-22  "涂抹选项"对话框    　　　图 6-23  应用"涂抹"前后效果对比

### 4."羽化"效果

应用"羽化"效果可以将选择的图形对象边缘柔化，使之产生一个渐变过渡效果。在图像编辑窗口中选择一个对象，单击"效果"|"风格化"|"羽化"命令，弹出"羽化"对话框，

如图 6-24 所示。

　　该对话框中的"羽化半径"数值框用于设置对象的羽化程度，该数值越大，对象生成的效果就越柔和。应用"羽化"效果后的图形如图 6-25 所示。

图 6-24　"羽化"对话框　　　　　图 6-25　应用"羽化"前后效果对比

## 6.2　边练实例

　　本节将在上一节理论学习的基础上练习实例，通过制作阳光普照效果、怀旧照片、时尚女孩和装饰相框 4 个实例，强化并延伸前面所学的知识点，达到巧学活用、学有所成的目的。

### 6.2.1　制作阳光普照效果

　　本实例制作的是阳光普照效果，如图 6-26 所示。

　　本实例主要应用了"羽化"效果，具体操作步骤如下：

　　（1）单击"文件"|"打开"命令，打开一幅素材图形，如图 6-27 所示。

　　（2）使用工具箱中的椭圆工具，在图像编辑窗口中的合适位置绘制一个正圆，如图 6-28 所示。

图 6-26　阳光普照效果

图 6-27　打开素材图形

图 6-28　绘制正圆

（3）单击"窗口"|"渐变"命令，打开"渐变"面板，从中设置"类型"为"径向"，在渐变矩形条下方的空白处单击鼠标左键，添加渐变滑块，设置13%和50%位置处滑块的颜色为淡橙色（CMYK 颜色参考值分别为 5、21、85、0）、73%位置处滑块的颜色为橙色（CMYK 颜色参考值分别为 3、30、90、0）和98%位置处滑块的颜色为红橙色（CMYK 颜色参考值分别为 0、50、83、0），效果如图 6-29 所示。

（4）单击"效果"|"风格化"|"羽化"命令，弹出"羽化"对话框。设置"羽化半径"为 10mm，单击"确定"按钮，将"羽化"效果应用于图形，效果如图 6-30 所示。

图 6-29　填充渐变色　　　　　　　　　图 6-30　应用"羽化"效果

（5）调整图形的叠放顺序，效果如图 6-31 所示。

（6）使用光晕工具在图形上添加光晕效果，效果如图 6-32 所示。至此，完成阳光普照效果的制作。

图 6-31　调整图形的叠放顺序　　　　　　图 6-32　添加光晕效果

### 6.2.2　制作怀旧照片

本实例制作的是怀旧照片，效果如图 6-33 所示。

本实例主要应用了"半调图案"、"涂抹"和"投影"效果，具体操作步骤如下：

（1）单击"文件"|"打开"命令，打开一幅素材图形，如图 6-34 所示。

（2）使用选择工具选择打开的素材图形，单击"效果"|"素描"|"半调图案"命令，

弹出"半调图案"对话框。单击"确定"按钮，将"半调图案"效果应用于图形，效果如图 6-35 所示。

（3）使用矩形工具绘制一个比素材图形稍大的矩形，设置"填充"为白色、"描边"为黑色，并将其置于图形底层，单击"效果"|"风格化"|"涂抹"命令，弹出"涂抹选项"对话框。单击"确定"按钮，将"涂抹"效果应用于矩形，效果如图 6-36 所示。

（4）使用选择工具，选择添加了"半调图案"效果的图形，单击"效果"|"风格化"|"投影"命令，弹出"投影"对话框。单击"确定"按钮，为图形添加投影，效果如图 6-37 所示。至此，完成怀旧照片效果的制作。

图 6-33　怀旧照片效果

图 6-34　打开素材图形　图 6-35　应用"半调图案"效果　图 6-36　并应用"涂抹"效果　图 6-37　应用"投影"效果

### 6.2.3　制作时尚女孩

本实例制作的是时尚女孩效果，如图 6-38 所示。

本实例主要应用了"波纹"和"粗糙化"滤镜，具体操作步骤如下：

（1）新建一个空白文件，使用工具箱中的矩形工具，绘制一个适当大小的矩形，并填充为蓝色（CMYK 颜色参考值分别为 84、47、11、0），如图 6-39 所示。

（2）选取工具箱中的椭圆工具，按住【Shift】键的同时拖曳鼠标，绘制一个正圆，填充颜色为白色，如图 6-40 所示。

（3）用同样的方法绘制其他正圆，并将所有正圆编组，效果如图 6-41 所示。

（4）保持所有正圆为选中状态，单击"滤镜"|"扭曲"|"波纹效果"命令，弹出"波纹效果"对话框，单击"确定"按钮，将"波纹效果"滤镜应用于图形，效果如图 6-42 所示。

（5）单击"滤镜"|"扭曲"|"粗糙化"命令，弹出"粗糙化"对话框，单击"确定"按钮，将"粗糙化"滤镜应用于图形，效果如图 6-43 所示。

（6）单击"文件"|"打开"命令，打开一幅素材图形，如图 6-44 所示。

（7）将素材图形复制并粘贴至制作时尚女孩效果的图像窗口中，调整位置和大小，效果如图 6-45 所示。

（8）使用工具箱中的光晕工具为图形添加光晕效果，效果如图 6-46 所示。至此，完成时尚女孩效果的制作。

图 6-38　时尚女孩效果

图 6-39　绘制并填充矩形

图 6-40　绘制并填充正圆

图 6-41　绘制并填充其他正圆

图 6-42　应用"波纹效果"滤镜

图 6-43　应用"粗糙化"滤镜

图 6-44　打开素材图形

图 6-45　复制并粘贴图形

图 6-46　添加光晕效果

## 6.2.4　制作装饰相框

本实例制作的是装饰相框，效果如图 6-47 所示。

本实例主要应用了"基底凸现"效果，具体操作步骤如下：

　　（1）单击"文件"|"打开"命令，打开一幅素材图形，如图 6-48 所示。

　　（2）单击"效果"|"素描"|"基底凸现"命令，弹出"基底凸现"对话框。单击"确定"按钮，将"基底凸现"效果应用于图形对象，效果如图 6-49 所示。

　　（3）使用椭圆工具在图像上方绘制一个椭圆，并填充为白色，如图 6-50 所示。

图 6-47　装饰相框效果

　　（4）单击"效果"|"风格化"|"羽化"命令，弹出"羽化"对话框，设置"羽化半径"为 15mm，单击"确定"按钮，将"羽化"效果应用于图形，效果如图 6-51 所示。

图 6-48　打开素材图形

图 6-49　应用"基底凸现"效果

图 6-50　绘制并填充椭圆

图 6-51　应用"羽化"效果

　　（5）使用矩形工具绘制一个矩形，填充其为黑色，并置于底层，效果如图 6-52 所示。

　　（6）保持绘制的矩形处于选中状态，单击"窗口"|"色板库"|"图案"|"装饰"|"原始动物"命令，弹出"原始动物"面板，在其中选择"班巴拉式"选项，为其填充图案，效果如图 6-53 所示。至此，完成装饰相框效果的制作。

图 6-52 绘制并填充矩形

图 6-53 填充图案

# 课 堂 总 结

## 1．基础总结

本章的基础内容部分首先介绍了滤镜的使用方法，如使用"扭曲"滤镜组和"素描"滤镜组中的滤镜制作特效，然后介绍了各效果的应用，如 3D 效果组、"变形"效果组和"风格化"效果组等，让读者迅速掌握使用滤镜与效果编辑图形和图像的方法。

## 2．实例总结

本章通过制作阳光普照效果、怀旧照片、时尚女孩效果和装饰相框 4 个实例，强化训练滤镜和效果的应用，例如，应用"羽化"效果制作阳光普照，应用"半调图案"、"涂抹"和"投影"效果制作怀旧照片，应用"波纹"和"粗糙化"滤镜制作时尚女孩效果等，让读者在实战中巩固知识，提升制作与设计能力。

# 课 后 习 题

## 一、填空题

1．"扭曲"滤镜组中包括_____、"扭转"、_____、波纹效果、_____和"自由扭曲" 6 个滤镜命令。

2．"收缩和膨胀"滤镜可以使选择的图形对象从路径节点处开始_____或向外产生扭曲变形效果。

3．应用"涂抹"效果，可以使图形具有类似于_____的效果。

## 二、简答题

1．简述为图像应用"便条纸"滤镜的方法。

2．简述将二维图像创建为三维对象的方法。

## 三、上机题

图 6-54 应用"羽化"效果

1．练习应用"凸出和斜角"效果制作一幅三维图形。

2．练习应用"羽化"效果制作如图 6-54 所示的效果。

# 第 7 章　使用符号与图表

在 Illustrator 中，绘制符号图形可以使用"符号喷枪工具"轻松完成，也可以自定义创建符号图形并将其添加到"符号"面板中。除了创建符号图形外，还可以编辑符号图形，如改变符号图形的多少、大小和位置等。

图表的用处也非常大，通常需要用几段话来表述或者用文字来解释不清的信息，都可以用图表清晰简明地表达出来。

## 7.1　边学基础

符号工具最大的特点就是可以方便、快捷地生成很多相似的图形实例。在 Illustrator CS3 中，符号工具是应用比较广泛的工具之一。

Illustrator CS3 提供了多种图表工具，可以根据用户的需求，制作出种类丰富的数据图表，如柱形图表、条形图表、折线图表和雷达图表等。在 Illustrator CS3 中，除了制作默认预设的图表之外，还可以对所创建的图表进行数据数值的设置、图表类型的更改以及图表参数选项的设置等。

### 7.1.1　"符号"面板

单击"窗口"|"符号"命令，或按【Shift＋Ctrl＋F11】组合键，均可弹出"符号"面板，如图 7-1 所示。

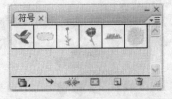

图 7-1　"符号"面板

"符号"面板中主要按钮的含义如下：

➲ "符号库菜单"按钮 ：单击该按钮，在弹出的面板菜单中选择不同的选项，将弹出不同类型的符号面板。

➲ "置入符号实例"按钮 ：单击该按钮，即可在图像编辑窗口中置入在"符号"面板中所选择的符号。

➲ "断开符号链接"按钮 ：单击该按钮，将断开符号链接，使符号成为普通的图形对象。

➲ "符号选项"按钮 ：单击该按钮，将弹出"符号选项"对话框，在其中可以对符号的名称、类型等进行设置。

➲ "新建符号"按钮 ：单击该按钮，在"符号"面板中所选择的符号将被新建为一个符号，新符号的名称默认为"新符号"、"新符号 2"或"新符号 3"等。

➲ "删除符号"按钮 ：单击该按钮，将删除"符号"面板中所选的符号。

### 7.1.2　符号编辑工具

使用工具箱中的符号喷枪工具，可以在图像编辑窗口中喷射大量无顺序排列的符号图形。在工具箱中选择不同的符号编辑工具，还可以对喷射的符号进行相应的编辑。

### 1．符号喷枪工具

使用符号喷枪工具，可以在图像编辑窗口中绘制一个或多个所选的符号图形，效果如图 7-2 所示。

### 2．符号移位器工具

使用符号移位器工具，可以使图像编辑窗口中喷射生成的符号图形移动位置，效果如图 7-3 所示。

图 7-2　使用符号喷枪工具所绘制的图形　　　　图 7-3　使用符号移位器工具产生的效果

### 3．符号紧缩器工具

使用符号紧缩器工具，可以移动并相互堆积、紧缩符号图形，效果如图 7-4 所示。

### 4．符号缩放器工具

使用符号缩放器工具，可以调整符号图形的大小，效果如图 7-5 所示。

图 7-4　使用符号紧缩器工具产生的效果　　　　图 7-5　使用符号缩放器工具产生的效果

### 5．符号旋转器工具

使用符号旋转器工具，可以旋转符号图形，效果如图 7-6 所示。

### 6．符号着色器工具

使用符号着色器工具，可以为符号图形上色，其填充颜色是由当前所设置的颜色决定的，效果如图 7-7 所示。

图 7-6　使用符号旋转器工具产生的效果　　　　图 7-7　使用符号着色器工具产生的效果

### 7. 符号滤色器工具

使用符号滤色器工具 🖼️，可以设置符号图形的不透明度，效果如图 7-8 所示。

### 8. 符号样式器工具

使用符号样式器工具 🖼️，可以将"图形样式"面板中选择的样式应用到符号图形上，效果如图 7-9 所示。

图 7-8　使用符号滤色器工具产生的效果　　　　图 7-9　使用符号样式器工具产生的效果

## 7.1.3 图表类型

Illustrator CS3 的工具箱中共提供了 9 种图表工具，分别为柱形图工具 📊、堆积柱形图工具 📊、条形图工具 📊、堆积条形图工具 📊、折线图工具 📈、面积图工具 📉、散点图工具 📊、饼图工具 🥧 和雷达图工具 ⊗，如图 7-10 所示。使用这些工具可以建立不同类型的图表。

图 7-10　图表工具组

### 1. 柱形图表

柱形图表是"图表类型"对话框中默认的图表类型。该类型的图表通过与数据值成比例的柱状图表，表示一组或多组数据之间的相互关系。

柱形图表可以将数据表中每一行的数据数值放在一起，以便进行比较。该类型的图表能将事物随着时间变化的趋势很直观地表现出来，如图 7-11 所示。

该图表以坐标轴的方式逐栏显示输入的所有数据资料，柱形的高度代表所比较的数值。柱形图表最大的优点是：在图表上可以直接读出不同形式的统计数值。

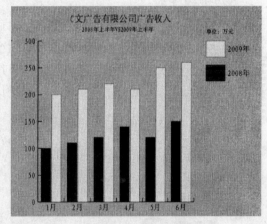

图 7-11　柱形图表

### 2. 堆积柱形图表

堆积柱形图表与柱形图表相似，只是在表达数值信息的形式上有所不同。柱形图表用于每一类项目中单个分项目数据的数值比较，而堆积柱形图表用于将每一类项目中所有分项目的数据值比较，如图 7-12 所示。该图表是将同类中的多组数据值以堆积的方式形成垂直矩形进行类型之间的比较。

### 3. 条形图表

条形图表与柱形图表相似，都是通过长度与数据值成比例的矩形，表示一组或多组数据值之间的相互关系。不同之处在于，柱形图表中数据值形成的矩形是垂直方向的，而条形图表数据值形成的矩形是水平方向的，如图 7-13 所示。条形图表是在水平坐标上进行数据值比较的，用横条的长度代表数值的大小。

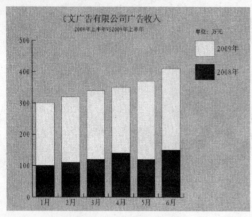

图 7-12　堆积柱形图表

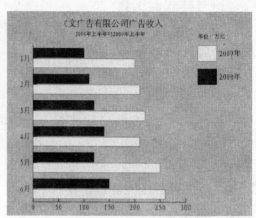

图 7-13　条形图表

### 4．堆积条形图表

堆积条形图表与堆积柱形图表类似，都是将同类中的多组数据值以堆积的方式形成矩形，进行类型之间的比较。不同之处在于，堆积柱形图表中的数据值形成的矩形是垂直方向的，而堆积条形图表中的数据值形成的矩形是水平方向的，如图 7-14 所示。

### 5．折线图表

折线图表是通过线段来表现数据值随时间变化趋势的，用户可以更好地把握事物发展的过程，分析其发展变化的趋势和辨别数据值变化的特性。该类型的图表是将同项目的数据值以点的形式在图表中显示的，再通过线段将其连接，如图 7-15 所示。通过折线图表不仅能够纵向比较图表中的数据值，而且还可以横向比较数据值。

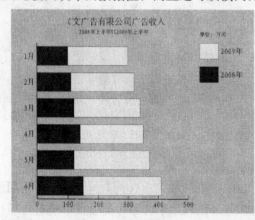

图 7-14　堆积条形图表

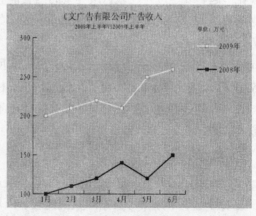

图 7-15　折线图表

### 6．面积图表

面积图表所表示的数据值关系与折线图表比较相似，但是与后者相比，前者更强调整体在数据值上的变化。面积图表是通过用点表示一组或多组数据值，并以线段连接不同组的数据值点，形成面积区域，如图 7-16 所示。

### 7. 散点图表

散点图表是一种比较特殊的数据图表，主要用于数学上的数理统计、科技上的数值比较等方面。该类型图表的 X 轴和 Y 轴都是数据值坐标轴，它会在两组数据值的交汇处形成坐标点。每一个数据值的坐标点都是通过 X 坐标和 Y 坐标进行定位的，坐标点之间用线段相互连接。通过散点图表能够反映数据值的变化趋势，而且可以直接查看 X 坐标轴和 Y 坐标轴之间的相对性，如图 7-17 所示。

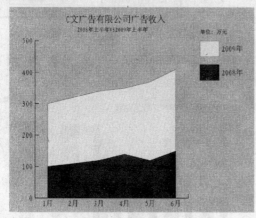

图 7-16 面积图表

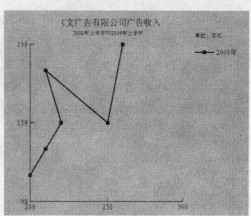

图 7-17 散点图表

### 8. 饼图图表

饼图图表是将数据值的总和用一个圆饼来表示，其中各组数据值所占的比例通过不同的颜色来表示。该类型的图表非常适合于显示同类项目中不同分项目的数据值之间的相互比较，它能够很直观地显示出在一个整体中各个项目所占的比例，如图 7-18 所示。

### 9. 雷达图表

雷达图表是一种以环形方式进行各组数据值比较的图表。这种比较特殊的图表，能够将一组数据以其数值的多少在刻度数值尺度上标注成数值点，然后通过线段将各个数值点连接起来，这样可以通过形成的各组不同的线段图形来判断数据值的变化，如图 7-19 所示。

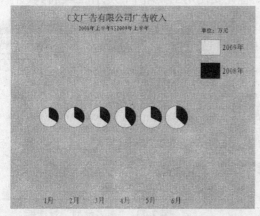

图 7-18 饼图图表

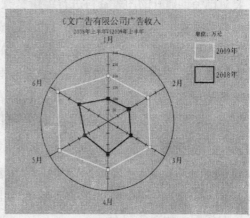

图 7-19 雷达图表

### 7.1.4 创建图表

图表的创建主要包括设定图表范围的长度和宽度，以及进行比较的图表数据资料，而数据资料是图表的核心和关键。在创建图表时，指定图表大小是指确定图表的高度和宽度，方法有两种：一是通过拖曳鼠标来任意创建图表；二是通过输入数值来精确创建图表。

若需要精确地创建图表，可选取工具箱中的图表工具后，在图像编辑窗口中的任意位置单击鼠标左键，此时将弹出"图表"对话框，如图 7-20 所示。

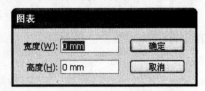

图 7-20　"图表"对话框

在该对话框中，直接在"宽度"和"高度"文本框中输入图表大小的数值，然后单击"确定"按钮，即可弹出图表数据输入框。在图表数据输入框中输入图表资料（如图 7-21 所示），然后单击"应用"按钮 ✓，即可生成相应的图表，效果如图 7-22 所示。

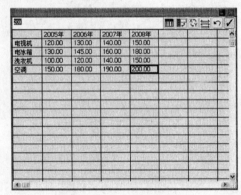

图 7-21　输入图表资料

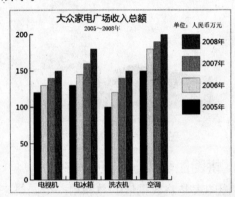

图 7-22　创建的图表

### 7.1.5 编辑图表

在 Illustrator CS3 中，可以对已经生成的各种图表进行编辑。例如，可以更改某一组中的数据，也可以改变图表的类型，以生成不同的图表外观。

#### 1．更改图表数据值

要对已经创建好的图表资料进行编辑修改，首先要使用工具箱中的选择工具将其选中，然后单击"对象" | "图表" | "数据"命令，或在图像编辑窗口中单击鼠标右键，在弹出的快捷菜单中选择"数据"选项，弹出该图表的相关数据输入框，用户可在该数据输入框中对数据进行修改，最后单击"应用"按钮，即可将修改的数据应用到选择的图表中。

#### 2．更改图表类型

要更改图表类型，可以单击"对象" | "图表" | "类型"命令，或双击工具箱中的图表工具，弹出"图表类型"对话框，如图 7-23 所示。

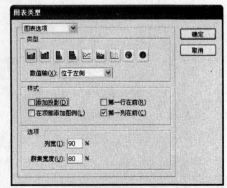

图 7-23　"图表类型"对话框

在该对话框的"类型"选项区中单击所需的图表类型按钮，选择相应的图表类型，单击"确定"按钮，即可改变当前所选图表的类型。

在该对话框中选择不同的图表类型，"图表类型"对话框显示的内容也有所不同，但"样式"选项区中包含的选项是一致的，该选项区中的选项可以改变图表的表现形式。

## 7.2　边练实例

本节将在上一节理论学习的基础上练习实例，通过制作海底世界、美丽田野、电器销售表和自行车销售表 4 个实例，强化并延伸前面所学的知识点，达到巧学活用、学有所成的目的。

### 7.2.1　制作海底世界

本实例制作的是海底世界，效果如图 7-24 所示。

本实例主要使用"符号"面板和符号喷枪工具，具体操作步骤如下：

（1）单击"文件"|"打开"命令，打开一幅素材图形，如图 7-25 所示。

图 7-24　海底世界效果

（2）单击"窗口"|"符号库"|"自然界"命令，打开"自然界"面板，在其中选择"岩石 5"，并选取工具箱中的符号喷枪工具，将鼠标指针移至图像编辑窗口中，如图 7-26 所示。

图 7-25　打开素材图形

图 7-26　将鼠标指针移至图形上

（3）快速单击鼠标左键，喷射一个选择的符号图形，如图 7-27 所示。

（4）选取工具箱中的选择工具，调整符号图形的大小及位置，效果如图 7-28 所示。

（5）复制多个进行过大小调整的符号图形，并将其移至合适位置，效果如图 7-29 所示。

（6）选取"自然界"面板中的"鱼类 2"选项，选取工具箱中的符号喷枪工具，在图像编辑窗口中的合适位置单击鼠标左键，喷射一个符号图形，如图 7-30 所示。

（7）将鼠标指针移至图像编辑窗口中的其他位置，单击鼠标左键以喷射符号图形，效果如图 7-31 所示。

（8）用同样的方法，将其他符号图形添加至图像编辑窗口中，效果如图 7-32 所示。至此，完成海底世界效果的制作。

图 7-27　喷射符号图形

图 7-28　调整符号图形大小及设置

图 7-29　复制符号图形

图 7-30　喷射符号图形

图 7-31　再次喷射符号图形

图 7-32　添加其他符号图形

## 7.2.2　制作美丽田野

本实例制作的是美丽田野，效果如图 7-33 所示。

本实例主要使用"符号"面板、符号喷枪工具和符号旋转工具，具体操作步骤如下：

（1）单击"文件" | "打开"命令，打开一幅素材图形，如图 7-34 所示。

（2）单击"窗口"|"符号库"|"自然界"命令，弹出"自然界"面板，选择"云彩2"选项，选取工具箱中的符号喷枪工具，在图形上单击鼠标左键，喷射选择的符号图形，如图7-35所示。

（3）将鼠标指针移至图形的其他位置，单击鼠标左键，喷射多个"云彩2"符号图形，效果如图7-36所示。

（4）在"自然界"面板中选择"蜻蜓"选项，使用符号喷枪工具在图形上单击鼠标左键，喷射"蜻蜓"符号图形，如图7-37所示。

图 7-33　美丽田野效果

图 7-34　打开素材图形

图 7-35　喷射"云彩2"符号图形

图 7-36　喷射多个"云彩2"符号图形

图 7-37　喷射"蜻蜓"符号图形

（5）选取工具箱中的符号旋转器工具，在喷射的"蜻蜓"符号图形上按住鼠标左键并拖动鼠标，拖至合适位置后释放鼠标，效果如图7-38所示。

（6）用同样的方法，喷射并旋转其他"蜻蜓"符号图形，效果如图7-39所示。

（7）单击"窗口"|"符号库"|"花朵"命令，打开"花朵"面板，在其中选择"紫罗兰"选项，选取工具箱中的符号喷枪工具，在图形上单击鼠标左键，喷射"紫罗兰"符号图

形，如图 7-40 所示。

（8）将鼠标指针移至图形的其他位置并单击鼠标左键，喷射其他的"紫罗兰"符号图形，效果如图 7-41 所示。至此，完成美丽田野效果的制作。

图 7-38　旋转符号图形

图 7-39　喷射并旋转其他符号图形

图 7-40　喷射"紫罗兰"符号图形

图 7-41　喷射其他"紫罗兰"符号图形

### 7.2.3　制作电器销售表

本实例制作的是电器销售表，效果如图 7-42 所示。

本实例主要运用自定义图表功能，具体操作步骤如下：

（1）单击"文件"|"打开"命令，打开一幅素材图形，如图 7-43 所示。

（2）使用选择工具选择素材图形，单击"对象"|"图表"|"设计"命令，弹出"图表设计"对话框，如图 7-44 所示。

（3）单击"新建设计"按钮，单击"重命名"按钮，弹出"重命名"对话框，从中设置"名称"为"图标"，如图 7-45 所示。

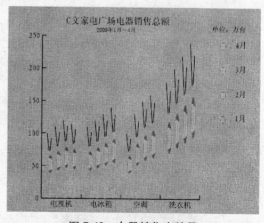
图 7-42　电器销售表效果

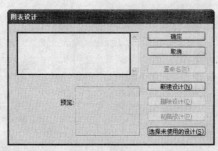

图 7-43  打开素材图形      图 7-44  "图表设计"对话框      图 7-45  "重命名"对话框

（4）单击"确定"按钮，返回"图表设计"对话框（如图 7-46 所示），单击"确定"按钮，即可完成图表设计。

（5）使用工具箱中的矩形工具，绘制一个合适大小的矩形，填充其颜色为橙色（CMYK 颜色参考值分别为 3、31、90、0），效果如图 7-47 所示。

（6）选取工具箱中的柱形图工具，在绘制的矩形上单击鼠标左键，弹出"图表"对话框，设置"宽度"和"高度"均为 100mm，如图 7-48 所示。

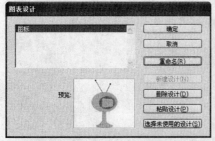

图 7-46  "图表设计"对话框      图 7-47  绘制矩形      图 7-48  "图表"对话框

（7）单击"确定"按钮，弹出图表数据输入框，如图 7-49 所示。

（8）在图表数据输入框中输入相关的图表资料，如图 7-50 所示。

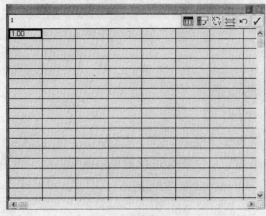

图 7-49  图表数据输入框      图 7-50  输入图表资料

（9）单击"应用"按钮，创建相应的图表，效果如图 7-51 所示。

（10）使用工具箱中的文字工具，在图像编辑窗口中的合适位置输入相应的文字，效果如图 7-52 所示。

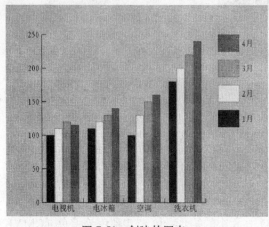

图 7-51　创建的图表　　　　　　　　　　　　　图 7-52　添加文字

（11）使用选择工具，选择创建的图表，单击"对象"|"图表"|"柱形图"命令，弹出"图表列"对话框，如图 7-53 所示。

（12）在"选取列设计"列表框中选择"图标"选项，单击"确定"按钮，即可将设计的图表样式应用于图表，效果如图 7-54 所示。至此，完成电器销售表效果的制作。

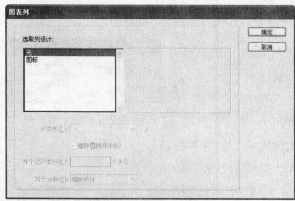
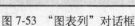

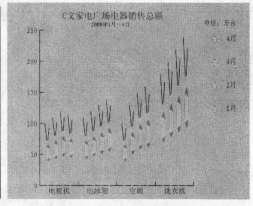

图 7-53　"图表列"对话框　　　　　　　　　　　图 7-54　应用图表设计

### 7.2.4　制作自行车销售表

本实例制作的是自行车销售表，效果如图 7-55 所示。

本实例主要使用了折线图工具，具体操作步骤如下：

（1）单击"文件"|"打开"命令，打开一幅素材图形，如图 7-56 所示。

（2）选取工具箱中的折线图工具，在图像编辑窗口中的合适位置单击鼠标左键，弹出"图表"对话框，设置"宽度"和"高度"均为 80mm，如图 7-57 所示。

（3）单击"确定"按钮，弹出图表数据输入框，如图 7-58 所示。

（4）在图表数据输入框中输入相关的图表资料，如图 7-59 所示。

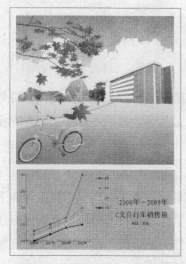

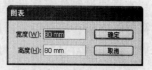

图 7-55 自行车销售表效果　　　　图 7-56 打开素材图形　　　　图 7-57 "图表"对话框

图 7-58 图表数据输入框　　　　　　　　图 7-59 输入图表资料

（5）单击"应用"按钮，即可创建相关的图表，效果如图 7-60 所示。

（6）使用工具箱中的文字工具，在图像编辑窗口中的合适位置输入需要文字，效果如图 7-61 所示。至此，完成自行车销售表效果的制作。

图 7-60 创建图表　　　　　　　　图 7-61 输入文字

# 课 堂 总 结

### 1．基础总结

本章的基础内容部分首先介绍了"符号"面板，然后介绍了各种符号编辑工具，如符号喷枪工具、符号移位器工具、符号紧缩器工具和符号缩放器工具等，最后还介绍了图表的相关内容，让读者快速掌握有关符号和图表的运用。

### 2．实例总结

本章通过制作海底世界、美丽田野、电器销售表和自行车销售表 4 个实例，强化训练了"符号"面板、符号编辑器以及图表的应用，如使用"符号"面板和符号喷枪工具制作海底世界，使用"符号"面板、符号喷枪工具和符号旋转工具制作美丽田野，使用自定义图表制作电器销售表等，让读者在实战中巩固知识，提升制作与设计能力。

# 课 后 习 题

### 一、填空题

1．单击"窗口"|"符号"命令，或按＿＿＿＿＿＿＿＿组合键，均可弹出"符号"面板。

2．柱形图表是＿＿＿＿＿＿＿＿对话框中默认的图表类型。

3．折线图表是通过＿＿＿＿＿＿＿来表现数据值随时间变化的趋势，可以更好地把握事物发展的过程，分析变化的趋势和＿＿＿＿＿＿＿的特性。

### 二、简答题

1．符号编辑工具包括哪几种？

2．图表类型有哪些？

### 三、上机题

1．练习使用"符号"面板和符号编辑工具制作一幅如图 7-62 所示的风景画。

图 7-62　风景画效果

2．练习使用图表工具制作一幅个人月收入与支出的统计表。

# 第 8 章 企业 VI 设计

VI 是视觉识别的英文简称，它借助一切可见的视觉符号在企业内外传递与企业相关的信息。在企业外部，VI 能够将企业识别的基本精神及差异性利用视觉符号充分地表达出来，从而使消费公众识别并形成统一的认知。在企业内部，VI 则通过标准识别来划分生产区域、工种类别，统一视觉要素，以利于规范化管理和增强员工归属感。

## 8.1 企业 VI 设计——企业标志

本实例是卓航图书企业 VI 设计的企业标志设计，整个标志以书页和叠书的形式表现，不但非常直观地表达了公司属于书籍出版行业的特性，还蕴含了公司名称的前两个字母，3 本叠书的悬念叠法表示 Z，也可认为是一个横着的 H。标志的整体寓意明显，简洁活泼，并富有突破感和时代气息。

### 8.1.1 预览实例效果

本实例效果如图 8-1 所示。

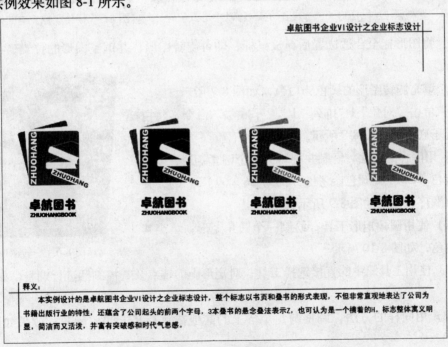

图 8-1 企业标志设计

### 8.1.2 制作图形效果

制作图形效果的具体操作步骤如下：

（1）单击"文件"|"新建"命令，新建一个横向的空白文件。

（2）选取工具箱中的圆角矩形工具，绘制一个大小合适的圆角矩形，并填充为红紫色（CMYK 颜色参考值分别为 47、100、17、2），设置"描边"为无，如图 8-2 所示。

（3）单击"编辑"｜"复制"命令，复制圆角矩形。单击"编辑"｜"贴在前面"命令，原位粘贴图形。选取工具箱中的旋转工具，图形中心出现十字中心点，如图 8-3 所示。

（4）将鼠标指针移至中心点处，拖曳鼠标，将中心点移至图形的左下角，如图 8-4 所示。

图 8-2　绘制并填充圆角矩形

（5）将鼠标指针移至图形的另一位置，按住鼠标左键并拖动鼠标，如图 8-5 所示。

图 8-3　复制原位粘贴图形　　　　图 8-4　移动中心点位置　　　　图 8-5　按住鼠标左键并拖动鼠标

（6）将图形拖至合适位置后释放鼠标，即可旋转图形，并调整图形的位置，如图 8-6 所示。

（7）填充旋转图形的颜色为白色，如图 8-7 所示。

（8）单击"对象"｜"排列"｜"置于底层"命令，将白色图形置于底层，如图 8-8 所示。

（9）用同样的方法，复制并旋转另一个圆角矩形，填充颜色为紫色（CMYK 颜色参考值分别为 66、69、3、0），并调整图层顺序，效果如图 8-9 所示。

（10）使用圆角矩形工具，绘制一个圆角矩形，填充其颜色为白色，如图 8-10 所示。

图 8-6　旋转图形

（11）使用工具箱中的直接选择工具，对矩形上的锚点及其控制柄进行调整，如图 8-11 所示。

（12）用同样的方法，调整圆角矩形上的其他锚点及其上的控制柄，效果如图 8-12 所示。

（13）对调整后的图形进行复制并旋转，效果如图 8-13 所示。

（14）选取工具箱中的钢笔工具，在图形上的合适位置绘制一条曲线，设置"描边"为白色、"描边粗细"为 0.5pt，如图 8-14 所示。

（15）用同样的方法绘制其他线条，效果如图 8-15 所示。

图 8-7 填充颜色　　图 8-8 调整图层叠放顺序　图 8-9 复制并旋转另一个圆角矩形

图 8-10 绘制并填充圆角矩形　图 8-11 调整圆角矩形锚点　图 8-12 调整图形上的其他锚点

图 8-13 复制并旋转图形　　　图 8-14 绘制曲线　　　图 8-15 绘制其他线条

## 8.1.3 制作文字效果

制作文字效果的具体操作步骤如下：

（1）选取工具箱中的文字工具，在图形的合适位置输入文字 ZHUOHANG，如图 8-16 所示。

（2）选择输入的文字，在工具属性栏中设置"字体"为 Arial Black、"字体大小"为 15pt、"填充"为白色，效果如图 8-17 所示。

（3）使用旋转工具对文字进行旋转，并调整文字位置，效果如图 8-18 所示。

（4）用同样的方法，再次输入字母 ZHUOHANG，设置其"字体"为 Arial Black、"字体大小"为 11pt、"填充"为紫色，并调整文字的旋转角度，效果如图 8-19 所示。

（5）选取工具箱中的文字工具，在图像编辑窗口中的合适位置输入文字"卓航图书"，如图 8-20 所示。

（6）选择输入的文字，在工具属性栏中设置"字体"为"华文琥珀"、"字体大小"为22pt，效果如图 8-21 所示。

图 8-16　输入文字

图 8-17　设置文字属性

图 8-18　旋转并调整文字

图 8-19　输入并旋转文字

图 8-20　输入文字

图 8-21　设置文字属性

（7）使用文字工具输入字母 ZHUOHANGBOOK，并在工具属性栏中设置其"字体"为 Arial Black、"字体大小"为 10pt，效果如图 8-22 所示。

（8）单击"窗口"|"文字"|"字符"命令，打开"字符"面板，在"设置所选字符的字符间距调整"列表框中选择-100，效果如图 8-23 所示。

（9）对绘制的标志图形进行复制，并填充相应的颜色，效果如图 8-24 所示。

图 8-22　输入并设置文字

图 8-23　设置字符间距

图 8-24　复制并填充标志图形

（10）使用文字工具，在图像编辑窗口中的合适位置输入其他相应的文字，并使用直线工具绘制相应的线条，效果如图 8-25 所示。至此，企业标志设计效果制作完成。

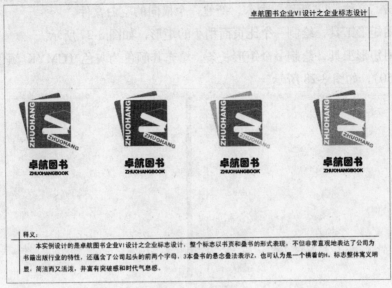

图 8-25　输入相应的文字

## 8.2　企业 VI 设计——企业大门

本实例设计的是卓航图书企业 VI 设计之企业大门，整体设计以红色和黑色为主色调，不但非常直观地表达了公司理念，而且还给人以视觉上的冲击力。

### 8.2.1　预览实例效果

本实例效果如图 8-26 所示。

图 8-26　企业 VI 设计之企业大门

### 8.2.2 制作大门外形

制作大门外形的具体操作步骤如下：

（1）单击"文件"｜"新建"命令，新建一个横向的空白文件。

（2）使用矩形工具，绘制一个比页面稍小的矩形，如图 8-27 所示。

（3）使用矩形工具，绘制一个矩形长条，填充其颜色为灰色（CMYK 颜色参考值分别为 0、0、0、50)，如图 8-28 所示。

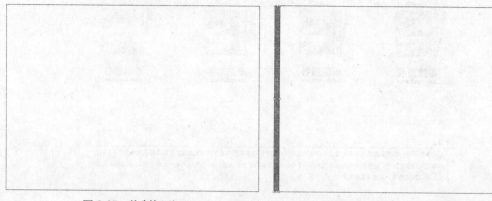

图 8-27　绘制矩形　　　　　　　　图 8-28·　绘制并填充矩形长条

（4）用同样的方法，在矩形的右侧绘制一个矩形长条，效果如图 8-29 所示。

（5）使用矩形工具，在页面的顶端绘制一个横向的矩形长条，并填充颜色为黑色，如图 8-30 所示。

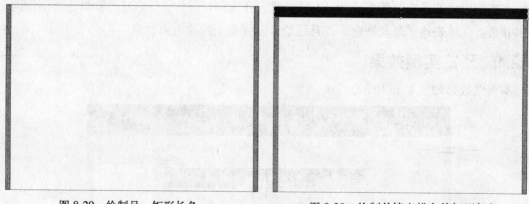

图 8-29　绘制另一矩形长条　　　　图 8-30　绘制并填充横向的矩形长条

（6）复制绘制的横向矩形长条，调整其高度与位置，并填充为红色，效果如图 8-31 所示。

（7）使用矩形工具，绘制一个合适大小的矩形，如图 8-32 所示。

（8）单击"窗口"｜"渐变"命令，弹出"渐变"面板，在渐变矩形条下方单击鼠标左键，添加渐变滑块，设置 0%位置滑块的颜色为深灰色（CMYK 颜色参考值分别为 36、33、31、0)、50%位置的颜色为白色、100%位置的颜色为灰色（CMYK 颜色参考值分别为 21、20、18、0)，为矩形填充渐变色，如图 8-33 所示。

（9）对绘制的渐变矩形条进行复制粘贴，并调整位置和大小，效果如图 8-34 所示。

图 8-31　复制并填充矩形

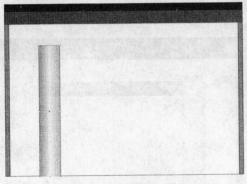

图 8-33　填充渐变色

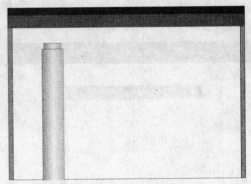

图 8-34　复制并调整渐变矩形

（10）使用选择工具，依次选择两个渐变矩形，按住【Alt】键的同时拖曳鼠标，对图形进行复制，效果如图 8-35 所示。

（11）使用矩形工具，在渐变矩形条之间绘制一个矩形长条，填充其颜色为黑色，并调整图层顺序，效果如图 8-36 所示。

（12）对黑色矩形条进行复制和原位粘贴，调整矩形的高度和位置，并填充其颜色为红色，效果如图 8-37 所示。

（13）使用矩形工具，绘制一个"填充"为无、"描边"为黑色的矩形，如图 8-38 所示。

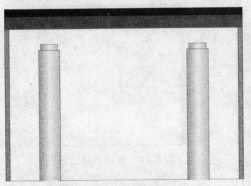

图 8-35　复制两个渐变矩形

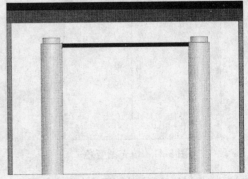

图 8-36　绘制并填充矩形条

（14）对绘制的矩形进行复制和原位粘贴，并调整复制图形的位置和大小，效果如图 8-39 所示。

（15）使用工具箱中的圆角矩形工具，绘制一个圆角矩形，如图 8-40 所示。

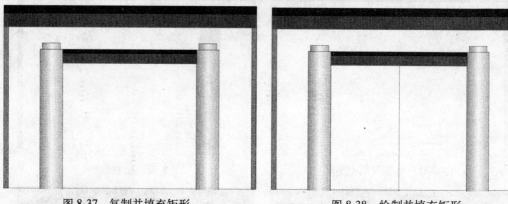

图 8-37　复制并填充矩形　　　　　　图 8-38　绘制并填充矩形

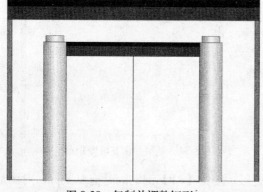 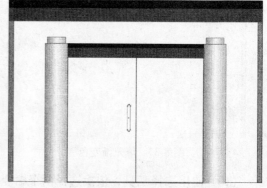

图 8-39　复制并调整矩形　　　　　　图 8-40　绘制圆角矩形

（16）选取工具箱中的吸管工具，将鼠标指针移至先前绘制的渐变矩形上，单击鼠标左键，吸取渐变颜色，为圆角矩形填充渐变颜色，效果如图 8-41 所示。

（17）对圆角矩形进行复制和原位粘贴，并调整复制图形位置，效果如图 8-42 所示。

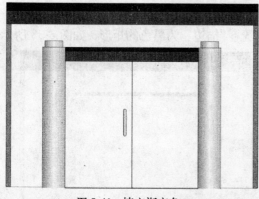 

图 8-41　填充渐变色　　　　　　　　图 8-42　复制并移动图形

### 8.2.3　制作文字并添加素材图形

制作文字并添加素材图形的具体操作步骤如下：

（1）选取工具箱中的文字工具，在图像编辑窗口中的合适位置输入文字"卓航图书"，在工具属性栏中设置"字体"为"华文琥珀"、"字体大小"为 25pt、"填充"为白色，效果如图 8-43 所示。

（2）单击"文件"｜"打开"命令，打开一幅素材图形，如图 8-44 所示。

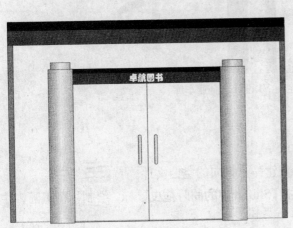

图 8-43　输入并设置文字

图 8-44　打开素材图形

（3）将素材图形进行复制，将其粘贴至企业大门设计图像窗口中，并调整素材图形的位置和大小，效果如图 8-45 所示。

（4）将粘贴的图形进行复制粘贴，并调整位置，效果如图 8-46 所示。至此，完成企业 VI 设计之企业大门效果的制作。

图 8-45　复制并粘贴图形

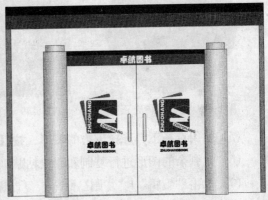

图 8-46　再次复制粘贴图形

## 8.3　企业 VI 设计——企业车库

本实例设计的是卓航图书企业 VI 设计之企业车库，整体设计以红色调为主，造型简单、明了，而且非常醒目。

### 8.3.1　预览实例效果

本实例效果如图 8-47 所示。

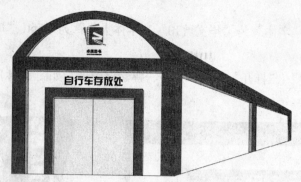

图 8-47　企业 VI 设计之企业车库

## 8.3.2 制作车库外形效果

制作车库外形效果的具体操作步骤如下：

（1）单击"文件" | "新建"命令，新建一个横向的空白文件。

（2）选取工具箱中的椭圆工具，按住【Shift】键的同时拖曳鼠标，绘制一个正圆，并将其填充为红色，如图 8-48 所示。

（3）使用工具箱中的矩形工具，在正圆的上方绘制一个矩形，如图 8-49 所示。

（4）单击"对象" | "路径" | "分割下方对象"命令，将矩形下方的正圆对象进行分割，如图 8-50 所示。

图 8-48　绘制并填充正圆　　　图 8-49　绘制矩形　　　图 8-50　分割下方对象

（5）使用选择工具选择下方的图形，按【Delete】键将其删除，效果如图 8-51 所示。

（6）对剩余的图形进行复制和原位粘贴，并调整大小，如图 8-52 所示。

（7）单击"编辑" | "复制"命令，复制调整后的图形，并填充其颜色为灰色（CMYK 颜色参考值分别为 0、0、0、40），如图 8-53 所示。

图 8-51　删除部分图形后的效果　　　图 8-52　复制并调整图形　　　图 8-53　填充颜色

（8）按键盘上的【←】键，调整灰色图形的位置，如图 8-54 所示。

（9）单击"编辑" | "贴在前面"命令，将先前复制的图形进行原位粘贴，效果如图 8-55 所示。

（10）填充粘贴图形的颜色为白色，效果如图 8-56 所示。

图 8-54　调整灰色图形位置

图 8-55　原位粘贴图形　　　　图 8-56　填充颜色

（11）使用矩形工具，绘制一个合适大小的矩形，填充其颜色为红色，效果如图 8-57 所示。

（12）使用矩形工具绘制一个矩形，并填充为白色，效果如图 8-58 所示。

（13）使用矩形工具绘制一个矩形长条，并填充为灰色（CMYK 颜色参考值分别为 0、0、0、40），效果如图 8-59 所示。

图 8-57　绘制红色矩形

图 8-58　绘制白色矩形

图 8-59　绘制灰色矩形

（14）使用工具箱中的直接选择工具调整灰色矩形的形状，效果如图 8-60 所示。

（15）用同样的方法，绘制另一个矩形，并调整矩形的形状，效果如图 8-61 所示。使用选择工具选择下方所有的矩形，并单击鼠标右键，在弹出的快捷菜单中选择"编组"选项，将图形进行编组。

（16）保持编组后的图形处于选中状态，单击"编辑"|"复制"命令，复制编组图形，单击"编辑"|"贴在前面"命令，将图形进行原位粘贴，并调整粘贴图形的大小和位置，效果如图 8-62 所示。

图 8-60　调整矩形形状

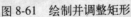

图 8-61　绘制并调整矩形

图 8-62　复制并调整编组图形

（17）选取工具箱中的矩形工具，绘制一个大小合适的矩形，并填充为灰色（CMYK 颜色参考值分别为 0、0、0、10），如图 8-63 所示。

（18）用同样的方法，绘制另一个矩形，效果如图 8-64 所示。

（19）使用矩形工具绘制一个合适大小的矩形，并填充为红色，效果如图 8-65 所示。

图 8-63　绘制灰色矩形　　图 8-64　绘制另一个矩形　　　　图 8-65　绘制红色矩形

（20）选取工具箱中的直接选择工具，调整红色矩形的形状，效果如图 8-66 所示。

（21）选取工具箱中的矩形工具，再绘制一个矩形，效果如图 8-67 所示。

（22）保持绘制矩形的选中状态，设置其填充颜色为白色，如图 8-68 所示。

　图 8-66　调整红色矩形的形状　　　　图 8-67　绘制红色矩形　　　　图 8-68　填充矩形颜色

（23）选取工具箱中的直接选择工具，调整矩形的形状，效果如图 8-69 所示。

（24）用同样的方法，绘制并调整另一个矩形，效果如图 8-70 所示。

（25）使用矩形工具，绘制一个合适大小的矩形，如图 8-71 所示。

　图 8-69　调整矩形形状　　　　图 8-70　绘制并调整矩形　　　　图 8-71　绘制矩形

（26）设置矩形的颜色为红色，效果如图 8-72 所示。

（27）使用工具箱中的直接选择工具，调整绘制矩形的形状，效果如图 8-73 所示。

（28）单击"对象"|"排列"|"置于底层"命令，将调整后的图形置于窗口的最底层，效果如图 8-74 所示。

　图 8-72　填充颜色　　　　图 8-73　调整矩形形状　　　　图 8-74　调整图层叠放顺序

（29）使用矩形工具绘制一个矩形长条，并填充为灰色，如图 8-75 所示。

（30）使用工具箱中的直接选择工具，调整绘制矩形的形状，效果如图 8-76 所示。

（31）用同样的方法，绘制并调整其他矩形，效果如图 8-77 所示。

图 8-75 绘制灰色矩形　　　　图 8-76 调整矩形形状　　　　图 8-77 绘制并调整其他矩形

### 8.3.3 制作图形文字效果

制作图形文字效果的具体操作步骤如下：

（1）单击"文件"|"打开"命令，打开一幅素材图形，如图 8-78 所示。

（2）将打开的素材图形复制并粘贴至企业车库文件窗口中，调整其位置和大小，效果如图 8-79 所示。

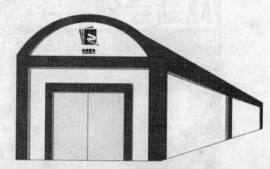

图 8-78 打开素材图形　　　　图 8-79 复制并粘贴图形

（3）选取工具箱中的文字工具，在图像编辑窗口中的合适位置输入文字"自行车存放处"，如图 8-80 所示。

（4）选择输入的文字，在工具属性栏中设置"字体"为"汉仪菱心体简"、"字体大小"为 28pt，效果如图 8-81 所示。至此，企业车库设计效果制作完成。

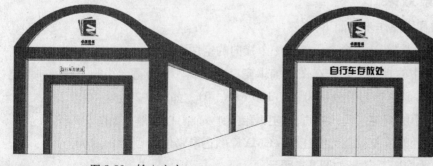

图 8-80 输入文字　　　　图 8-81 设置文字属性

# 第 9 章　光盘界面设计

光盘界面是针对多媒体光盘而言的，是用户使用多媒体光盘学习时必然会接触到的。好的光盘界面设计，会增加用户的学习兴趣，吸引用户继续学习下去。光盘界面同时也对书籍本身起着宣传作用，界面的优劣会影响到用户对书籍的印象。

## 9.1　光盘主界面——从新手到高手

本实例是计算机图书《从新手到高手》的光盘主界面的设计，整体设计以红色调为主，极具喜庆感，构图简洁、美观，耀眼的红色给人以视觉上的冲击力。

### 9.1.1　预览实例效果

本实例效果如图 9-1 所示。

图 9-1　《从新手到高手》光盘主界面

### 9.1.2　制作背景效果

制作背景效果的具体操作步骤如下：

（1）单击"文件"I"新建"命令，新建一个横向的空白文件。

（2）选取工具箱中的矩形工具，在图像编辑窗口中绘制一个合适大小的矩形，并填充其颜色为红色（CMYK 颜色参考值分别为 29、100、98、0），如图 9-2 所示。

（3）选取工具箱中的钢笔工具，在页面的顶端绘制一个闭合路径，如图 9-3 所示。

（4）设置闭合路径的填充颜色为鲜红色（CMYK 颜色参考值分别为 0、100、100、0），并设置"不透明度"为 50%，效果如图 9-4 所示。

（5）使用工具箱中的钢笔工具，绘制另一个闭合路径，如图 9-5 所示。

图 9-2 绘制红色矩形

图 9-3 绘制闭合路径

图 9-4 填充颜色并设置不透明度

图 9-5 绘制闭合路径

（6）设置闭合路径的填充颜色为鲜红色（CMYK 颜色参考值分别为 0、100、100、0），效果如图 9-6 所示。

（7）使用工具箱中的椭圆工具，在图像编辑窗口中的合适位置绘制一个椭圆，在工具属性栏中设置"填充"为"无"、"描边"为白色、"描边粗细"为 5.7pt，并对椭圆进行旋转，效果如图 9-7 所示。

图 9-6 填充颜色

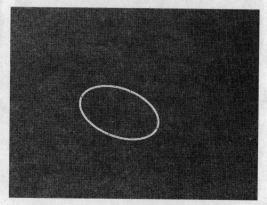

图 9-7 绘制并旋转椭圆

（8）保持椭圆的选中状态，在"透明度"面板中设置椭圆的"不透明度"为 50%，效果如图 9-8 所示。

(9) 对绘制的椭圆进行复制，并调整至合适位置和大小，效果如图9-9所示。

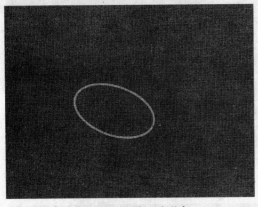

图9-8 设置不透明度

图9-9 复制并调整图形

（10）对椭圆下方的鲜红色闭合路径进行原位复制，调整复制图形的大小和位置。在"渐变"面板中，设置"类型"为"线性"，在渐变矩形条下方单击鼠标左键，添加渐变滑块，并设置 0%位置处滑块的颜色为黑色、20%位置处滑块的颜色为灰色（CMYK 颜色参考值分别为0、0、0、80）和80%位置滑块的颜色为白色，对其进行渐变填充，并在工具属性栏中设置复制图形的"不透明度"为50%，效果如图9-10所示。

（11）单击"文件"|"打开"命令，打开一幅素材图形，并将其复制粘贴至光盘界面制作窗口中，调整至合适位置和大小，效果如图9-11所示。

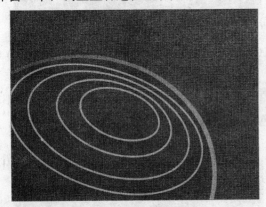

图9-10 复制并调整图形

图9-11 打开素材并复制粘贴图形

### 9.1.3 制作界面按钮

制作界面按钮的具体操作步骤如下：

（1）选取工具箱中的圆角矩形工具，在图像编辑窗口中的合适位置绘制一个圆角矩形，在"渐变"面板中，设置"类型"为"线性"，设置渐变矩形条下方两个渐变滑块的颜色分别为黑色（CMYK 颜色参考值分别为 0、0、0、100）和白色，并设置"角度"为 114 度，为圆角矩形填充渐变颜色，效果如图9-12所示。

（2）将绘制的圆角矩形进行复制，并缩放至合适大小，在"渐变"面板中，设置"类型"为"线性"、渐变矩形条下方两个渐变滑块的颜色分别为黑色（CMYK 颜色参考值分别为 100、100、100、100）和白色，并设置"角度"为-90 度，为复制的图形填充渐变颜色，效果如图 9-13 所示。

图 9-12 绘制并填充圆角矩形

图 9-13 复制并填充圆角矩形

（3）将刚才复制的圆角矩形进行复制，并缩放至合适大小，在"渐变"面板中，设置"类型"为"线性"，分别在渐变矩形条下方的 6%、40%、57% 和 79% 位置添加渐变滑块，设置各滑块的颜色分别为黑色、黑色、黑红（CMYK 颜色参考值分别为 50、90、100、0）、红色（CMYK 颜色参考值分别为 16、95、93、0）、洋红（CMYK 颜色参考值分别为 0、100、60、0）和浅红（CMYK 颜色参考值分别为 0、40、20、0），为复制的图形填充渐变颜色，效果如图 9-14 所示。

（4）再次复制一个圆角矩形，并调整其大小，在"渐变"面板中，设置"类型"为"线性"，在渐变矩形条下方 80% 位置处添加 1 个渐变滑块，设置各滑块的颜色分别为白色、土黄色（CMYK 颜色参考值分别为 20、24、40、0）和褐色（CMYK 颜色参考值分别为 39、36、57、0），并设置"角度"为-90 度，为复制的圆角矩形填充渐变颜色，并在工具属性栏中设置其"不透明度"为 80%，将以上制作的圆角矩形整体作为按钮部分，效果如图 9-15 所示。

图 9-14 复制并填充圆角矩形

图 9-15 复制、调整并填充圆角矩形

（5）用同样的方法绘制多个图形，作为按钮的右半部分，效果如图 9-16 所示。

（6）将绘制的按钮图形进行编组，然后对其进行复制操作，并调整位置和方向，效果如图 9-17 所示。

图 9-16 绘制按钮的右侧部分

图 9-17 复制并调整按钮

（7）单击"文件"|"打开"命令，打开一幅素材图形，如图 9-18 所示。

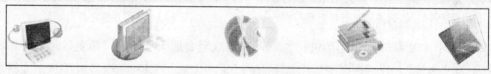

图 9-18 打开素材图形

（8）将素材图形复制并粘贴至光盘界面制作窗口中，调整其位置和大小，效果如图 9-19 所示。

图 9-19 复制并粘贴编组图形

## 9.1.4 制作文字效果

制作文字效果的具体操作步骤如下：

（1）选取工具箱中的文字工具，在图像编辑窗口中的合适位置输入文字"从新手到高手"，并选择输入的文字，设置"字体"为"汉仪菱心体简"、"字体大小"为 70pt、"填充"为红色（CMYK 颜色参考值分别为 0、100、100、0），如图 9-20 所示。

（2）单击"编辑"|"复制"命令，复制文字，单击"编辑"|"贴在前面"命令，原位粘贴文字，设置复制的文字"填充"为白色、"描边"为白色、"描边粗细"为 20pt，效果如图 9-21 所示。

图 9-20 输入文字

图 9-21 复制并设置文字

（3）单击"对象"|"排列"|"后移一层"命令，调整图层叠放顺序，效果如图 9-22 所示。

（4）用同样的方法输入并设置其他文字，效果如图 9-23 所示。

图 9-22 调整图层叠放顺序

图 9-23 输入并设置其他文字

（5）选取工具箱中的文字工具，在按钮图形上输入文字"视频学习"，并设置其"字体"为"汉仪菱心体简"、"字体大小"为 25pt、"填充"为白色，效果如图 9-24 所示。

（6）用同样的方法，输入并设置其他文字，效果如图 9-25 所示。至此，完成从新手到高手光盘主界面效果的制作。

图 9-24 输入并设置文字

图 9-25 输入并设置其他文字

## 9.2 光盘主界面——巧学活用学电脑 →

本实例是计算机图书《巧学活用学电脑》的光盘主界面的设计，整体设计以绿色调为主，给人以清新、自然的感觉，能很快吸引人的注意力。

### 9.2.1 预览实例效果

实例效果如图 9-26 所示。

图 9-26 巧学活用学电脑光盘主界面

### 9.2.2 制作背景效果

制作背景效果的具体操作步骤如下：

（1）单击"文件"|"打开"命令，打开一幅素材图形，如图 9-27 所示。

（2）选取工具箱中的钢笔工具，在图像编辑窗口中的合适位置单击鼠标左键，确定路径的起点，将鼠标指针移至另一位置，单击鼠标左键并拖曳鼠标，绘制曲线，如图 9-28 所示。

图 9-27 打开素材图形

图 9-28 绘制曲线

（3）用同样的方法，创建其他的锚点，绘制出一个闭合路径，效果如图 9-29 所示。

（4）单击"窗口"|"渐变"命令，弹出"渐变"面板，设置"类型"为"线性"，在渐变矩形条下方移动 0% 位置渐变滑块到 20% 位置，设置 20% 位置滑块的颜色为白色、100% 位

置滑块的颜色为蓝色（CMYK 颜色参考值分别为 81、52、0、0），并设置"角度"为-90 度，效果如图 9-30 所示。

图 9-29 绘制闭合路径

图 9-30 渐变填充

（5）单击"对象"｜"排列"｜"置于底层"命令，将图形置于窗口的最底层，单击"对象"｜"排列"｜"前移一层"命令，将图形置于窗口的倒数第二层，效果如图 9-31 所示。

（6）选取工具箱中的椭圆工具，按住【Shift】键的同时拖曳鼠标，绘制一个正圆，并设置"填充"为白色、"描边"为"无"，效果如图 9-32 所示。

图 9-31 调整图层叠放顺序

图 9-32 绘制并设置正圆

（7）在工具属性栏中设置正圆的"不透明度"为 18%，效果如图 9-33 所示。

（8）对透明的正圆进行复制，并调整至合适位置和大小，效果如图 9-34 所示。

图 9-33 设置不透明度

图 9-34 复制并调整图形

### 9.2.3 制作界面按钮

制作界面按钮的具体操作步骤如下：

（1）选取工具箱中的圆角矩形工具，在图像编辑窗口中的合适位置绘制一个圆角矩形，设置其填充颜色为灰色（CMYK 颜色参考值分别为 0、0、0、40），如图 9-35 所示。单击"编辑"|"复制"命令，复制圆角矩形，并单击"编辑"|"贴在前面"命令，原位粘贴图形。

（2）在"渐变"面板中设置"类型"为"线性"，在渐变矩形条下方 55% 位置处添加 1 个渐变滑块，设置 0% 位置处滑块的颜色为淡黄色（CMYK 颜色参考值分别为 9、0、33、0）、50% 位置处滑块的颜色为白色、100% 位置处滑块的颜色为黄色（CMYK 颜色参考值分别为 18、0、67、0），并设置"角度"为 90 度，如图 9-36 所示。

图 9-35　绘制圆角矩形

图 9-36　渐变填充

（3）按键盘上的【←】和【↑】键，调整渐变矩形条的位置，效果如图 9-37 所示。使用选择工具依次选择两个圆角矩形，单击鼠标右键，在弹出的快捷菜单中选择"编组"选项，将图形进行编组。

（4）按住【Alt】键的同时拖曳编组图形，复制并移动该图形，效果如图 9-38 所示。

图 9-37　调整位置

图 9-38　复制编组图形

（5）按【Ctrl+D】组合键，复制并移动其他图形，效果如图 9-39 所示。

（6）使用圆角矩形工具绘制一个圆角矩形，填充其颜色为灰色，如图 9-40 所示。单击"编辑"|"复制"命令，复制圆角矩形，单击"编辑"|"贴在前面"命令，原位粘贴图形。

图 9-39　复制并移动其他图形

图 9-40　绘制圆角矩形

（7）选取工具箱中的吸管工具，在先前绘制的渐变圆角矩形上单击鼠标左键，吸取渐变色，为圆角矩形设置渐变色，并在"渐变"面板中设置"角度"为 90 度，效果如图 9-41 所示。

（8）按键盘上的【←】和【↑】键，调整渐变圆角矩形的位置，并将两个圆角矩形进行编组，效果如图 9-42 所示。

图 9-41　渐变填充

图 9-42　调整图形位置并编组

（9）按住【Alt】键的同时拖曳编组后的图形，复制并移动该图形，效果如图 9-43 所示。

（10）用同样的方法，复制并移动其他图形，效果如图 9-44 所示。

图 9-43　复制并移动图形

图 9-44　复制并移动其他的图形

### 9.2.4 制作文字效果

制作文字效果的具体操作步骤如下：

（1）选取工具箱中的文字工具，在图像编辑窗口中的合适位置输入文字"巧学活用"，如图 9-45 所示。

（2）选择输入的文字，设置"字体"为"汉仪菱心体简"、"字体大小"为 75pt、"填充"为红色、"描边"为白色、"描边粗细"为 3pt，单击"对象"|"变换"|"倾斜"命令，弹出"倾斜"对话框，从中设置"倾斜角度"为 15 度，单击"确定"按钮，倾斜文字，效果如图 9-46 所示。

图 9-45　输入文字

图 9-46　设置文字属性

（3）单击"效果"|"风格化"|"外发光"命令，弹出"外发光"对话框，从中设置"颜色"为白色、"不透明度"为 100%，效果如图 9-47 所示。

（4）用同样的方法输入文字"学电脑"，并设置其属性，效果如图 9-48 所示。

（5）使用文字工具，在图像编辑窗口中的合适位置输入需要的文字，并设置其"字体"为"汉仪菱心体简"、"字体大小"为 30pt、"填充"为黄色（CMYK 颜色参考值分别为 0、0、100、0），效果如图 9-49 所示。

（6）使用文字工具选择文字"Word 2007"，设置其"字体"为创意繁标宋，效果如图 9-50 所示。

图 9-47　添加外发光效果

图 9-48　输入并设置文字

图 9-49　输入并设置文字

图 9-50　设置文字

（7）使用文字工具，在矩形条上输入文字"第 1 章　Word 入门"，并设置其"字体"为"黑体"、"字体大小"为 16pt，如图 9-51 所示。

（8）按住【Alt】键的同时拖曳文字，复制并移动文字，如图 9-52 所示。

图 9-51　输入并设置文字

图 9-52　复制并移动文字

（9）用同样的方法，复制文字并移动至合适位置，效果如图 9-53 所示。

（10）使用文字工具，选择第文字"第 1 章　Word 入门"，将其更改为文字"第 2 章　操作文档"，如图 9-54 所示。

图 9-53　复制并移动其他文字

图 9-54　更改文字

（11）用同样的方法修改其他文字，效果如图 9-55 所示。

（12）使用文字工具，在图像编辑窗口下方的矩形条上输入文字"特色介绍"，并设置"字体"为"黑体"、"字体大小"为 25pt，如图 9-56 所示。

图 9-55　修改其他文字　　　　　　　　　　　图 9-56　输入并设置文字

（13）按住【Alt】键的同时拖曳文字，复制并移动文字，效果如图 9-57 所示。

（14）使用文字工具对复制的文字进行修改，效果如图 9-58 所示。至此，完成巧学活用学电脑光盘主界面效果的制作。

图 9-57　复制并移动文字　　　　　　　　　　图 9-58　更改文字

## 9.3　播放界面——巧学活用学电脑

本实例是计算机图书《巧学活用学电脑》多媒体光盘的播放界面的设计，整体设计也是以绿色调为主，设计简洁，整体上给人以舒适感。

### 9.3.1　预览实例效果

实例效果如图 9-59 所示。

图 9-59　《巧学活用学电脑》播放界面

## 9.3.2　制作背景效果

制作背景效果的具体操作步骤如下：

（1）单击"文件" | "打开"命令，打开一幅素材图形，如图 9-60 所示。

（2）选取工具箱中的矩形工具，在图像编辑窗口中的合适位置绘制一个矩形，填充为灰色（CMYK 颜色参考值分别为 0、0、0、80），效果如图 9-61 所示。

图 9-60　打开素材图形

图 9-61　绘制灰色矩形

（3）单击"文件" | "打开"命令，打开一幅素材图像，如图 9-62 所示。

（4）将打开的图像复制粘贴至先前打开的素材图形窗口中，并调整其位置和大小，效果如图 9-63 所示。

（5）选取工具箱中的矩形工具，在图像编辑窗口中的合适位置绘制一个矩形，填充其颜色为灰色（CMYK 颜色参考值分别为 0、0、0、70），效果如图 9-64 所示。

（6）复制绘制的矩形，并填充复制图形的颜色为白色，调整至合适位置和大小，效果如图 9-65 所示。

（7）选取工具箱中的圆角矩形工具，在图像编辑窗口中的合适位置绘制一个长条的圆角矩形，填充其颜色为灰色（CMYK 颜色参考值分别为 0、0、0、70），效果如图 9-66 所示。

（8）选取工具箱中的矩形工具，在图形的右下角绘制一个较小的矩形，填充其颜色为黑色，如图 9-67 所示。

图 9-62　打开素材图像

图 9-63　复制粘贴图像

图 9-64　绘制灰色矩形

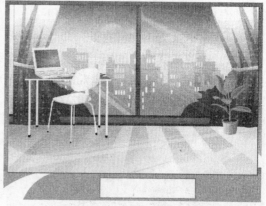

图 9-65　复制并调整白色矩形

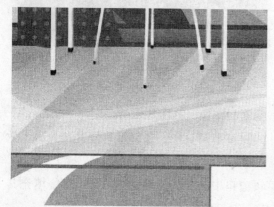

图 9-66　绘制灰色圆角矩形

图 9-67　绘制黑色小矩形

（9）将绘制的小矩形进行复制，并调整其位置和大小，效果如图 9-68 所示。

（10）用同样的方法复制其他矩形，并调整其位置和大小，效果如图 9-69 所示。

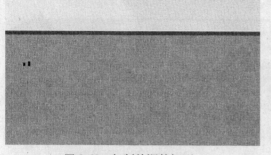

图 9-68 复制并调整矩形

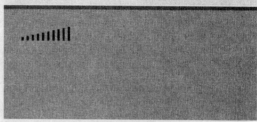

图 9-69 复制并调整其他矩形

（11）将绘制的所有矩形进行编组，并将编组后的图形进行复制粘贴，效果如图 9-70 所示。

（12）单击"文件"|"打开"命令，打开一幅素材图形，并将其复制至播放界面文件窗口中的合适位置，效果如图 9-71 所示。

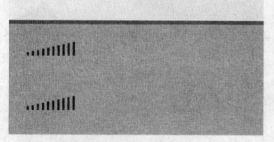

图 9-70 复制编组后的图形

图 9-71 打开素材并复制图形

### 9.3.3 制作界面按钮

制作界面按钮的具体操作步骤如下：

（1）选取工具箱中的椭圆工具，按住【Shift】键的同时拖曳鼠标，绘制一个正圆，填充其颜色为灰色（CMYK 颜色参考值分别为 0、0、0、40），如图 9-72 所示。

（2）对绘制的正圆进行复制，在"渐变"面板中设置"类型"为"径向"，在渐变矩形条下方 50% 的位置添加 1 个渐变滑块，设置各滑块的颜色从左向右依次为白色、淡黄色（CMYK 颜色参考值分别为 9、0、33、0）和黄色（CMYK 颜色参考值分别为 18、0、66、0），如图 9-73 所示。

（3）按键盘上的【←】和【↑】键，调整圆的位置，效果如图 9-74 所示。

（4）使用选择工具依次选择两个正圆，将其进行编组，单击"效果"|"风格化"|"投影"命令，弹出"投影"对话框，各参数设置保持默认值，单击"确定"按钮，为图形添加投影效果，效果如图 9-75 所示。

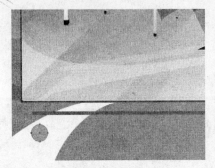

图 9-72　绘制灰色正圆

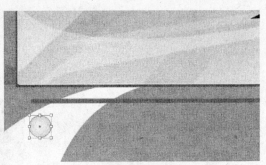

图 9-73　复制并进行渐变填充

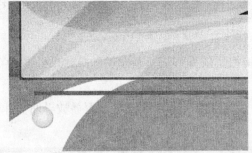

图 9-74　调整圆的位置

图 9-75　添加投影效果

（5）使用选择工具选择圆形，按住【Alt】键的同时拖曳鼠标，对图形进行复制并移动，效果如图 9-76 所示。

（6）单击"文件"｜"打开"命令，打开一幅素材图形，并将其复制粘贴至播放界面文件窗口中，效果如图 9-77 所示。

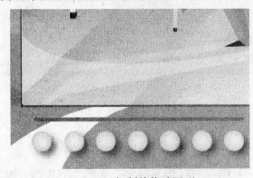

图 9-76　复制并移动图形

图 9-77　复制并粘贴打开的图形

（7）选取工具箱中的圆角矩形工具，在图像编辑窗口的合适位置绘制一个圆角矩形，如图 9-78 所示。

（8）在"渐变"面板中设置"类型"为"线性"，在渐变矩形条下方 44% 位置和 60% 位置处添加两个渐变滑块，设置 0% 位置滑块的颜色为淡绿色（CMYK 颜色参考值分别为 35、0、33、0）、44% 位置滑块的颜色为浅绿色（CMYK 颜色参考值分别为 58、0、69、0）、60% 位置滑块的颜色为草绿色（CMYK 颜色参考值分别为 60、0、78、0）、100% 位置滑块的颜色为深绿色（CMYK 颜色参考值分别为 76、13、100、0），为圆角矩形填充渐变色，并设置"描边"为白色，效果如图 9-79 所示。

图 9-78　绘制圆角矩形　　　　　　　　图 9-79　进行渐变填充并描边

### 9.3.4　制作文字效果

制作文字效果的具体操作步骤如下：

（1）选取工具箱中的文字工具，在图像编辑窗口中的合适位置输入文字"巧学活用"，选择输入的文字，设置"填充"为红色、"描边"为白色、"字体"为"汉仪菱心体简"、"字体大小"为23pt，单击"对象"|"变换"|"倾斜"命令，弹出"倾斜"对话框，设置"倾斜角度"为15度，单击"确定"按钮，将文字倾斜，效果如图 9-80 所示。

（2）用同样的方法输入其他文字，并设置文字的属性，效果如图 9-81 所示。

图 9-80　输入并设置文字　　　　　　　图 9-81　输入并设置其他文字

（3）使用文字工具，在图像编辑窗口中的合适位置输入文字"解说音量"，设置其"字体"为"汉仪菱心体简"、"字体大小"为12pt，如图 9-82 所示。

（4）用同样的方法输入并设置其他文字，效果如图 9-83 所示。至此，完成播放界面效果的制作。

图 9-82　输入并设置文字　　　　　　　图 9-83　输入并设置其他文字

# 第 *10* 章　包装设计

　　包装设计是平面设计中不可或缺的一部分，它是根据产品的内容进行内外包装的总体设计，具有很强的艺术性和商业性。本章通过光盘包装、手提袋和书籍封面 3 个实例，全面讲解运用 Illustrator CS3 设计和制作各类产品包装的技法。

## 10.1　包装设计——光盘包装 →

　　本实例是一款软件的光盘包装设计，整体设计以黑色调为主，极显档次，然后结合极具软件代表性的青蛙图形来突显主题，从而明确告知消费者软件的相关信息。

### 10.1.1　预览实例效果

　　实例效果如图 10-1 所示。

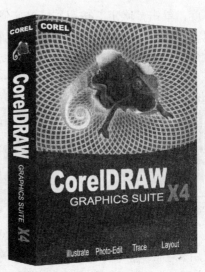

图 10-1　光盘包装平面与立体效果

### 10.1.2　制作包装的平面效果

　　制作包装平面效果的具体操作步骤如下：

　　（1）单击"文件"｜"新建"命令，新建一个横向的空白文件。

　　（2）选取工具箱中的矩形工具，在图像编辑窗口中的合适位置绘制一个矩形，填充其颜色为黑色（CMYK 颜色参考值分别为 78、77、74、52），如图 10-2 所示。

　　（3）将绘制的矩形进行原位复制，将复制的矩形调整至合适的位置和大小，并设置其颜色为黑色（CMYK 颜色参考值分别为 100、100、100、100），效果如图 10-3 所示。

　　（4）选取工具箱中的钢笔工具，在图形的下方绘制一个闭合路径，填充其颜色为灰色（CMYK 颜色参考值分别为 78、75、70、44），如图 10-4 所示。

图 10-2 绘制黑色矩形

图 10-3 复制、调整并填充矩形

图 10-4 绘制并填充闭合路径

（5）用同样的方法，在图形的上方绘制一个闭合路径，填充其颜色为红色（CMYK 颜色参考值分别为 44、93、100、11），效果如图 10-5 所示。

（6）单击"文件"｜"打开"命令，打开一幅素材图像，如图 10-6 所示。

（7）将打开的素材图像复制并粘贴至包装制作文件窗口中，如图 10-7 所示。

图 10-5 绘制并填充另一个闭合路径

图 10-6 打开素材图像

图 10-7 复制图像

（8）在"图层"面板中，双击先前绘制的红色闭合路径所在图层最右侧的圆圈图标，选中路径，将其复制并原位粘贴，并将粘贴的图形置于窗口最顶层，如图 10-8 所示。

（9）使用选择工具，依次选择红色的图形和素材图像，并在其上单击鼠标右键，在弹出的快捷菜单中选择"建立剪切蒙版"选项，创建剪切蒙版，效果如图 10-9 所示。

（10）单击"文件"｜"打开"命令，打开一幅青蛙素材图像，将其复制粘贴至包装设计文件窗口中，并调整其位置，效果如图 10-10 所示。

（11）将粘贴的青蛙图像再次进行复制和粘贴，并调整图像的位置和大小，效果如图 10-11 所示。

（12）选择大的青蛙图像，单击"效果"｜"风格化"｜"外发光"命令，弹出"外发光"对话框，从中设置"颜色"为白色，单击"确定"按钮，为图像添加外发光效果，如图 10-12

所示。

（13）选取工具箱中的圆角矩形工具，在图形的左上角绘制一个圆角矩形，填充其颜色为黑色，效果如图 10-13 所示。

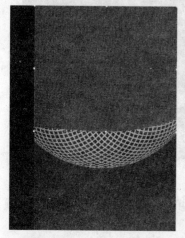

图 10-8　复制并粘贴图形

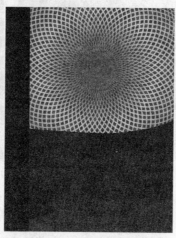

图 10-9　创建剪切蒙版

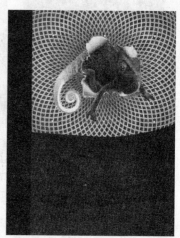

图 10-10　打开并复制图像

图 10-11　复制并调整图像

图 10-12　添加外发光效果

图 10-13　绘制黑色圆角矩形

### 10.1.3　制作包装的文字效果

制作包装中文字效果的具体操作步骤如下：

（1）选取工具箱中的文字工具，在图像编辑窗口中的合适位置输入字母 CorelDRAW，选中输入的字母，设置"字体"为 Arial Black、"字体大小"为 30pt、"填充"为白色，效果如图 10-14 所示。

（2）将鼠标指针移至文字顶端中间的控制柄上，拖曳鼠标，调整文字的高度，效果如图 10-15 所示。

（3）将文字进行复制并旋转，设置复制文字的"字体大小"为 35pt，效果如图 10-16 所示。

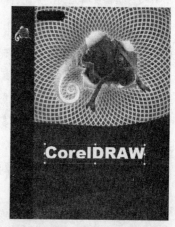

图 10-14　输入并设置文字

（4）用同样的方法输入其他文字，并设置字体、字号等属性，效果如图 10-17 所示。

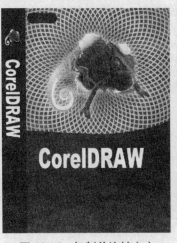

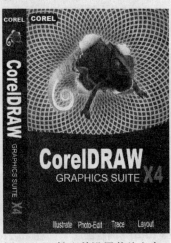

图 10-15　调整文字高度　　　图 10-16　复制并旋转文字　　　图 10-17　输入并设置其他文字

## 10.1.4　制作包装的立体效果

制作包装立体效果的具体操作步骤如下：

（1）分别将绘制图形的正面图形和侧面图形进行编组，将整个平面图形进行复制，并将其粘贴至平面图形的右侧，效果如图 10-18 所示。接下来对右侧粘贴的平面图形进行相应的操作。

（2）选择编组后的正面图形，单击"对象"|"封套扭曲"|"用网格建立"命令，弹出"封套网格"对话框，设置"行数"和"列数"均为 1，单击"确定"按钮，为选择的图形对象添加封套网格，如图 10-19 所示。用同样的方法，为侧面的图形添加封套网格。

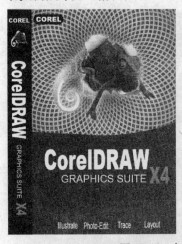

图 10-18　复制平面图形　　　　　　　　　　　　图 10-19　添加封套网格

（3）选取工具箱中的直接选择工具，选择正面的图形对象右上角的锚点，按住鼠标左键并向下拖动鼠标（过程中按住【Shift】键），至合适位置后释放鼠标，调整图形形状，如图 10-20 所示。

（4）通过调整正面图形顶端两个锚点上的控制柄，将图形再次进行调整，效果如图 10-21 所示。

（5）用同样的方法调整图形右下角的锚点及其控制柄，效果如图 10-22 所示。

（6）用同样的方法调整侧面图形上的各个锚点及其控制柄，效果如图 10-23 所示。至此，完成光盘包装效果的制作。

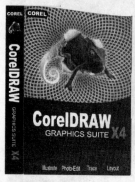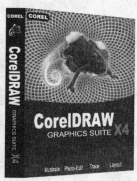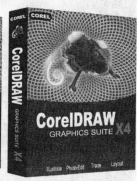

图 10-20　调整锚点　图 10-21　调整控制柄　图 10-22　调整右下角的锚点　图 10-23　调整侧面图形

## 10.2　包装设计——手提袋

本实例设计的是一款"第 2 大街"楼盘广告手提袋，采用红色为主色调，以简单的绘画表现主题，并加少量文字进行修饰，充分体现出该楼盘的生活情调和可信赖度，同时带给未来居住者一种神秘感。

### 10.2.1　预览实例效果

本实例效果如图 10-24 所示。

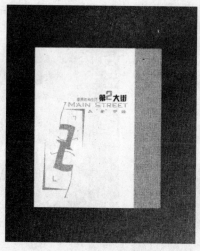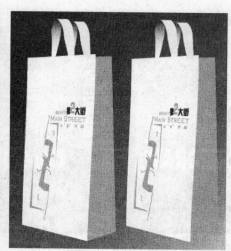

图 10-24　手提袋平面与立体效果

### 10.2.2　制作包装的平面效果

制作包装平面效果的具体操作步骤如下：

（1）单击"文件"|"新建"命令，新建一个横向的空白文件。

（2）选取工具箱中的矩形工具，在图像编辑窗口中绘制一个合适大小的矩形。在"渐变"面板中设置"类型"为"线性",在渐变矩形条下方45%位置处添加1个渐变滑块,设置0%、45%和100%位置处滑块的颜色分别为白色、灰色(CMYK 颜色参考值分别为0、0、0、77)和黑色,并设置"角度"为130度,为矩形填充渐变色,效果如图 10-25 所示。

（3）使用矩形工具,在图形上绘制一个矩形,填充其颜色为白色,如图 10-26 所示。

图 10-25　绘制矩形并填充渐变色

（4）将绘制的白色矩形进行复制,填充复制的矩形颜色为红色(CMYK 颜色参考值分别为 2、62、64、0),并调整其至合适位置和大小,效果如图 10-27 所示。

（5）选取工具箱中的钢笔工具,在工具属性栏中设置"填充"和"描边"均为无,在图像编辑窗口中的合适位置绘制一个闭合路径,如图 10-28 所示。

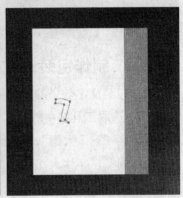

图 10-26　绘制白色矩形　　　　图 10-27　复制矩形　　　　图 10-28　绘制闭合路径

（6）为绘制的闭合路径填充红色(CMYK 颜色参考值分别为 2、62、64、0),效果如图 10-29 所示。

（7）使用钢笔工具绘制另一个闭合路径,如图 10-30 所示。

（8）填充闭合路径的颜色为红色,效果如图 10-31 所示。

图 10-29　填充颜色　　　　图 10-30　绘制闭合路径　　　　图 10-31　填充颜色

（9）用同样的方法绘制其他闭合路径,填充相应的颜色。绘制其他开放路径并描边,效果如图 10-32 所示。

（10）使用选择工具，依次选择所有绘制的红色路径，并在其上单击鼠标右键，在弹出的快捷菜单中选择"编组"选项，将选择的图形进行编组，如图 10-33 所示。

（11）将编组的图形复制并旋转，调整其至合适位置，效果如图 10-34 所示。

图 10-32　绘制其他图形

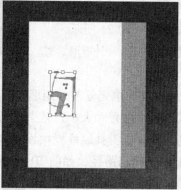
图 10-33　编组图形

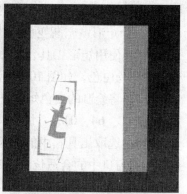
图 10-34　复制并旋转图形

### 10.2.3　制作包装的文字效果

制作包装文字效果的具体操作步骤如下：

（1）选取工具箱中的文字工具，在图像编辑窗口中的合适位置输入文字"第 2 大街"，选择输入的文字，设置"字体"为"汉仪菱心体简"、"字体大小"为 12pt，如图 10-35 所示。

（2）使用文字工具，选择数字 2，设置"字体大小"为 24pt、"填充"为红色（CMYK 颜色参考值分别为 2、62、64、0），效果如图 10-36 所示。

（3）使用文字工具，在图像编辑窗口中的合适位置输入字母 MAIN STREET，并设置其"字体"为 Bank Gothic Light BT、"字体大小"为 16pt、"填充"为紫色（CMYK 颜色参考值分别为 42、33、5、0），效果如图 10-37 所示。

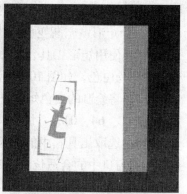

图 10-35　输入并设置文字

（4）用同样的方法输入其他文字，并设置其字体、字号等属性，效果如图 10-38 所示。

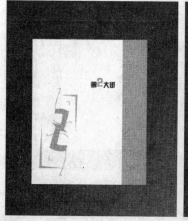
图 10-36　设置文字

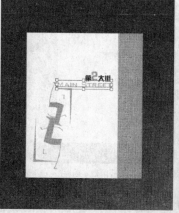
图 10-37　输入并设置文字

图 10-38　输入并设置其他文字

## 10.2.4 制作包装的立体效果

制作包装立体效果的具体操作步骤如下:

(1)将绘制的手提袋正面图形进行编组,并将所有绘制的手提袋图形进行复制粘贴,将其移至图形的右侧,如图 10-39 所示。接下来将对右侧粘贴的平面图形进行相应的操作。

(2)为手提袋的正面图形添加封套网格,选择工具箱中的直接选择工具,选择左上角的锚点,按住鼠标左键并拖动鼠标,至合适位置后释放鼠标,调整图形的形状,如图 10-40 所示。

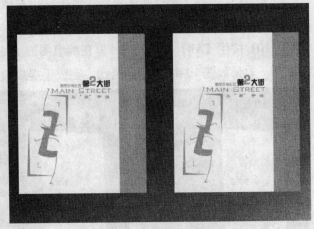

图 10-39 编组并复制图形

(3)选择正面图形右上角的锚点,按住鼠标左键并拖动鼠标,调整锚点至合适位置,如图 10-41 所示。

(4)用同样的方法调整其他各个锚点至合适位置,效果如图 10-42 所示。

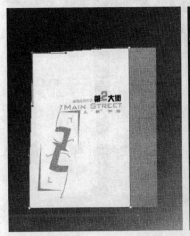
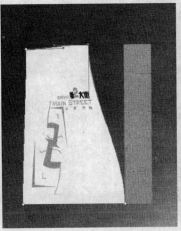
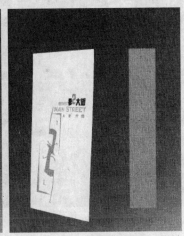

图 10-40 调整锚点　　　　图 10-41 调整右上角的锚点　　　　图 10-42 调整其他锚点

(5)用同样的方法调整侧面图形中各个锚点至合适位置,效果如图 10-43 所示。

(6)选取工具箱中的钢笔工具,在图形上方绘制一个闭合路径,在"渐变"面板中设置"类型"为"线性",设置渐变矩形条下方两个渐变滑块的颜色分别为白色和黑色,并将渐变矩形条上方的滑块移至 76%位置处,效果如图 10-44 所示。

(7)用同样的方法绘制另一个闭合路径,填充其颜色为白色,效果如图 10-45 所示。

(8)使用选择工具,依次选择两个绘制的闭合路径,将其进行编组,按住【Alt】键的同时,再在编组图形上按住鼠标左键并拖动鼠标,复制并移动编组图形,并调整图形的叠放顺序，效果如图 10-46 所示。

（9）选择所有手提袋立体图形，单击鼠标右键，在弹出的快捷菜单中选择"编组"选项，将图形进行编组，如图 10-47 所示。

（10）按住【Alt】键的同时，再在编组图形上按住鼠标左键并拖动鼠标，复制并移动编组图形，效果如图 10-48 所示。至此，完成手提袋效果的制作。

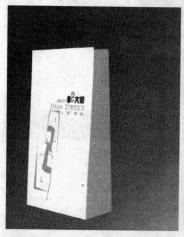
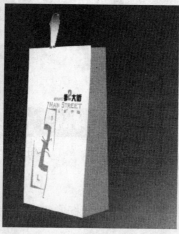
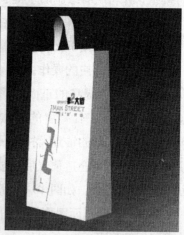

图 10-43　调整侧面图形上的锚点　　图 10-44　绘制并渐变填充闭合路径　　图 10-45　绘制并填充另一个闭合路径

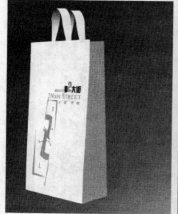
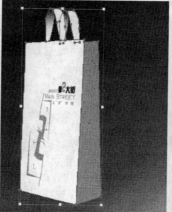
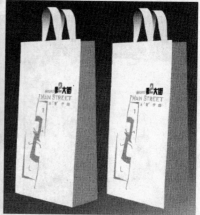

图 10-46　复制并移动编组图形　　　图 10-47　编组图形　　　图 10-48　复制并移动编组图形

## 10.3　包装设计——书籍封面

本实例是《李白诗选集》的封面设计，整幅画面以简单的几何图形元素为主，并以李白图像进行修饰，融合了古代和现代的气息，给人眼前一亮的感觉。

### 10.3.1　预览实例效果

实例效果如图 10-49 所示。

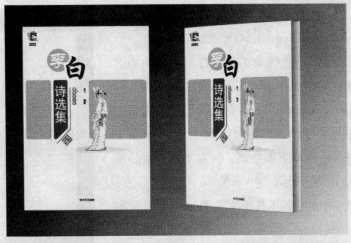

图 10-49　书籍封面平面与立体效果

## 10.3.2　制作书籍封面的平面效果

制作书籍封面平面效果的具体操作步骤如下：

（1）单击"文件"|"新建"命令，新建一个横向的空白文件。

（2）选取工具箱中的矩形工具，绘制一个合适大小的矩形，在"渐变"面板中设置"类型"为"线性"，设置渐变矩形条下方两个滑块的颜色分别为白色和黑色，并设置"角度"为 145 度，效果如图 10-50 所示。

图 10-50　绘制并渐变填充矩形

（3）使用矩形工具，绘制一个矩形，在工具属性栏中设置"填充"为白色、"描边"为灰色（CMYK 颜色参考值分别为 55、48、44、0），效果如图 10-51 所示。

（4）选取工具箱中的圆角矩形工具，在图像编辑窗口中的合适位置绘制一个圆角矩形，填充其颜色为紫色（CMYK 颜色参考值分别为 23、41、3、0），如图 10-52 所示。

（5）将绘制的圆角矩形进行复制，并调整至合适位置和大小，效果如图 10-53 所示。

图 10-51　绘制并填充矩形

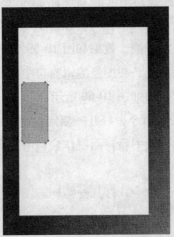

图 10-52　绘制并填充圆角矩形

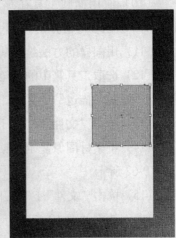

图 10-53　复制并调整圆角矩形

（6）再复制一个圆角矩形，填充其颜色为黑色，并调整至合适位置和大小，如图 10-54 所示。

（7）选取工具箱中的直线段工具，在黑色圆角矩形的右下角绘制一条直线，如图 10-55 所示。

（8）在"图层"面板中，将除直线段和黑色圆角矩形外的所有图形锁定，单击"对象"|"路径"|"分割下方对象"命令，将黑色圆角矩形分割，将右下角分割的部分删除，效果如图 10-56 所示。

（9）选取工具箱中的椭圆工具，按住【Shift】键的同时在图像编辑窗口中拖曳鼠标，绘制一个正圆，填充其颜色为紫色（CMYK 颜色参考值分别为 23、41、3、0），效果如图 10-57 所示。

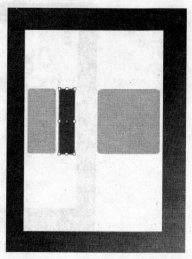

图 10-54　复制并调整圆角矩形

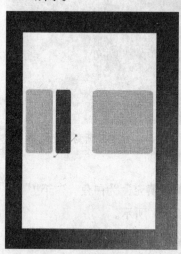

图 10-55　绘制直线

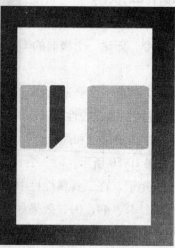

图 10-56　分割并删除图形

图 10-57　绘制正圆

（10）使用椭圆工具在黑色圆角矩形的右侧绘制一个小的正圆，填充其颜色为红色（CMYK 颜色参考值分别为 11、95、100、0），如图 10-58 所示。

（11）用同样的方法绘制其他正圆，效果如图 10-59 所示。

（12）选取工具箱中的钢笔工具，在图像编辑窗口中的合适位置绘制一条曲线，在工具属性栏中设置"描边"为黑色，效果如图 10-60 所示。

（13）单击"文件"|"打开"命令，打开一幅素材图像，如图 10-61 所示。

（14）将素材图像复制并粘贴至书籍封面制作窗口中，调整其大小，并水平镜像，效果如图 10-62 所示。

（15）单击"文件"|"打开"命令，打开一幅标志图形，将其复制并粘贴至书籍封面制作窗口中，效果如图 10-63 所示。

图 10-58　绘制小正圆

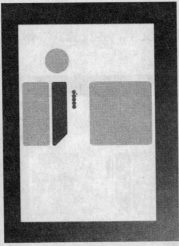

图 10-59　绘制其他正圆

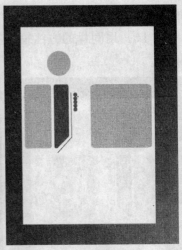

图 10-60　绘制曲线

图 10-61　素材图像

图 10-62　复制并调整图像

图 10-63　打开并复制图形

### 10.3.3　制作书籍封面的文字效果

制作书籍封面文字效果的具体操作步骤如下：

（1）选取工具箱中的直排文字工具，在黑色梯形上输入文字"诗选集"，选择输入的文字，设置其"字体"为"黑体"、"字体大小"为 30pt、"填充"为白色，效果如图 10-64 所示。

（2）使用文字工具，输入文字"李"，设置其"字体"为"华文隶书"、"字体大小"为 48pt、"填充"为白色，效果如图 10-65 所示。

（3）使用文字工具，输入文字"白"，设置其"字体"为"华文行楷"、"字体大小"为 75pt，如图 10-66 所示。

（4）将"白"字进行原位复制，并在工具属性栏中设置复制文字的"描边"为白色、"描边粗细"为 10pt，效果如图 10-67 所示。

（5）单击"对象"|"排列"|"后移一层"命令，将复制的文字后移一层，效果如图 10-68

所示。

（6）用同样的方法输入其他文字，并设置其字体、字号等属性，效果如图 10-69 所示。

图 10-64　输入的直排文字

图 10-65　输入并设置文字

图 10-66　输入并设置文字

图 10-67　复制并设置文字

图 10-68　调整图形叠放顺序

图 10-69　输入并设置其他文字

## 10.3.4　制作书籍封面的立体效果

制作书籍封面立体效果的具体操作步骤如下：

（1）在"图层"面板中，将所有图层解除锁定，使用选择工具选择所有封面图形，将其编组，并复制一个封面图形，置于原封面图形的右侧，如图 10-70 所示。接下来对右侧复制的封面图形进行相应的编辑。

（2）选择右侧的封面图形，单击"对象"|"封套扭曲"|"用网格建立"命令，弹出"封套网格"对话框，设置"行数"和"列数"均为 1，单击"确定"按钮，为图形添加封套网格，效果如图 10-71 所示。

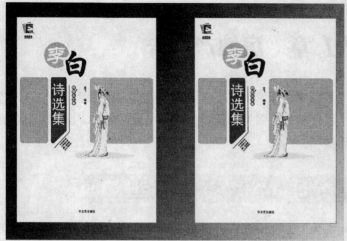

图 10-70　复制并移动图形

图 10-71　添加封套网格

（3）选取工具箱中的直接选择工具，选择图形右上角的锚点，按住鼠标左键并拖动鼠标，调整锚点位置，如图 10-72 所示。

（4）使用直接选择工具选择右下角的锚点，按住鼠标左键并拖动鼠标，调整锚点的位置，如图 10-73 所示。

（5）用同样的方法调整其他锚点的位置，效果如图 10-74 所示。

（6）选取工具箱中的钢笔工具，在封面的右侧绘制一个闭合路径作为侧面。在"渐变"面板中设置"类型"为"线性"，设置渐变矩形条下方两个滑块的颜色分别为灰色（CMYK 颜色参考值分别为 0、0、0、64）和白色，为闭合路径填充渐变色并设置"描边"为灰色（CMYK 颜色参考值分别为 0、0、0、50），效果如图 10-75 所示。至此，完成书籍封面效果的制作。

图 10-72　调整锚点位置

图 10-73　调整锚点位置

图 10-74　调整其他锚点

图 10-75　绘制并渐变填充闭合路径

# 第 *11* 章　房地产广告

一幅优秀的广告作品由 4 个要素组成：图像、文字、颜色和版式，房地产广告在这一方面作了很好的诠释。本章通过制作现代型、温馨型和复古型 3 个房地产广告，详细讲解各种类型房地产广告的创意思路及制作流程。

## 11.1　房地产广告——现代型

本实例设计的是一款几何空间现代型的房地产广告，整幅设计以壮阔、优美的风景画为创意主题，画面大气、有力、醒目，且与广告语紧密结合，尽显非凡气度，尽享舒适生活。

### 11.1.1　预览实例效果

本实例效果如图 11-1 所示。

图 11-1　现代型房地产广告

### 11.1.2　制作图形效果

制作图形效果的具体操作步骤如下：

（1）单击"文件"|"新建"命令，新建一个横向的空白文件。

（2）选取工具箱中的矩形工具，绘制一个与页面大小相同的矩形，并在工具属性栏中设置"填充"为白色、"描边"为无，如图 11-2 所示。

（3）单击"文件"|"打开"命令，打开一幅素材图像，如图 11-3 所示。

（4）将打开的素材图像复制并粘贴至现代型房地产广告设计窗口中，调整其大小并放至合适位置，如图 11-4 所示。

（5）使用工具箱中的矩形工具，在图像上方绘制一个合适大小的矩形，如图 11-5 所示。

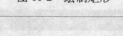

图 11-2 绘制矩形

图 11-3 打开素材图像

图 11-4 复制并调整图像

图 11-5 绘制矩形

（6）选取工具箱中的选择工具，依次选择素材图像和步骤（5）中绘制的矩形，单击鼠标右键，在弹出的快捷菜单中选择"建立剪切蒙版"选项，创建剪切蒙版，效果如图 11-6 所示。

（7）选取工具箱中的矩形工具，在图像编辑窗口的左上角绘制一个矩形，并在工具属性栏中设置"填充"为黑色、"描边"为无，如图 11-7 所示。

图 11-6 创建剪切蒙版

图 11-7 绘制并设置矩形

（8）选取工具箱中的直接选择工具，选择矩形左上角的锚点，按【Delete】键将其删除，效果如图 11-8 所示。

（9）使用直接选择工具，选择右下角的锚点，再按住鼠标左键并向左拖动鼠标（同时按住【Shift】键），调整锚点位置，效果如图 11-9 所示。

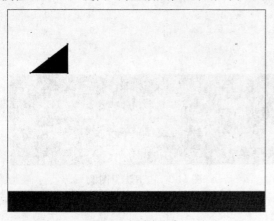

图 11-8　删除锚点　　　　　　　　　　　　图 11-9　调整锚点位置

　　（10）使用矩形工具，在图像编辑窗口中的合适位置绘制一个矩形，设置"填充"为红色（CMYK 颜色参考值分别为 45、95、100、13），如图 11-10 所示。

　　（11）用同样的方法，使用工具箱中的直接选择工具调整矩形的形状，效果如图 11-11 所示。

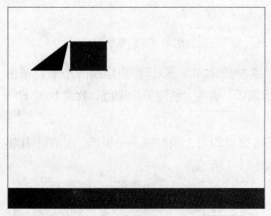
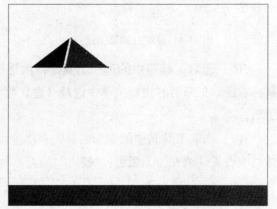

图 11-10　绘制并填充矩形　　　　　　　　　图 11-11　调整矩形形状

　　(12)选取工具箱中的矩形工具,在图像编辑窗口中的合适位置绘制一个矩形,如图 11-12 所示。

　　（13）选取工具箱中的直线段工具，在矩形上方绘制一条直线段，如图 11-13 所示。

　　（14）在"图层"面板中将除直线段和红色矩形所在图层外的所有图层锁定，单击"对象" | "路径" | "分割下方对象"命令，分割下方的矩形，如图 11-14 所示。

　　（15）解除所有图层的锁定，并调整分割图形的位置，效果如图 11-15 所示。

　　（16）使用选择工具，选择分割图形的右半部分，填充其颜色为黑色，效果如图 11-16 所示。

　　（17）选取工具箱中的文字工具，在图形的右侧输入文字"几何空间"，并设置其"字体"为"汉仪菱心体简"、"字体大小"为 22pt，如图 11-17 所示。

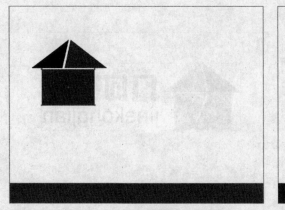

图 11-12 绘制矩形

图 11-13 绘制直线段

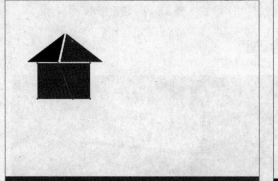

图 11-14 分割图形

图 11-15 调整分割图形的位置

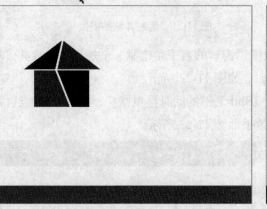

图 11-16 填充颜色

图 11-17 输入并设置文字

（18）使用文字工具，输入 jihekongjian，并设置其"字体"为 Arial、"字体大小"为 17pt，效果如图 11-18 所示。

（19）使用选择工具，依次选择所有绘制的图形和输入的文字，对其进行编组，如图 11-19 所示。

（20）单击"文件"|"打开"命令，打开一幅素材图像，如图 11-20 所示。

（21）将打开的素材图像复制并粘贴至现代型房地产广告设计窗口中，调整其大小并放至合适位置，效果如图 11-21 所示。

图 11-18　输入并设置字母

图 11-19　编组图形

图 11-20　打开素材图像

图 11-21　复制并粘贴图像

（22）选取工具箱中的矩形工具，在图像编辑窗口的右下角绘制一个矩形，设置其"填充"为无、"描边"为黑色、"描边粗细"为 2pt，如图 11-22 所示。

（23）选取工具箱中的直线段工具，按住【Shift】键的同时拖曳鼠标，绘制一条直线段，并在工具属性栏中设置"描边粗细"为 3pt，效果如图 11-23 所示。

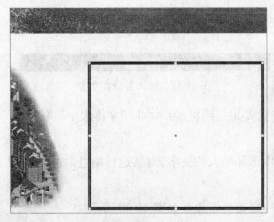

图 11-22　绘制并设置矩形

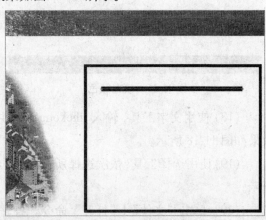

图 11-23　绘制直线段

（24）使用直线段工具，再绘制一条直线段，如图 11-24 所示。

（25）用同样的方法绘制其他直线段，效果如图 11-25 所示。

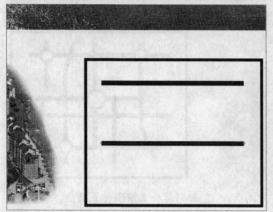

图 11-24　绘制另一条直线段

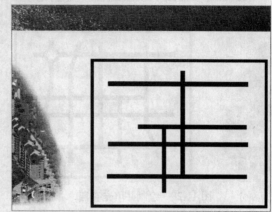

图 11-25　绘制其他直线段

（26）选取工具箱中的钢笔工具，在直线段上绘制一条曲线，设置"描边"为黑色、"描边粗细"为 3pt，如图 11-26 所示。

（27）用同样的方法绘制其他曲线，效果如图 11-27 所示。

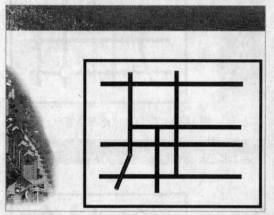

图 11-26　绘制曲线

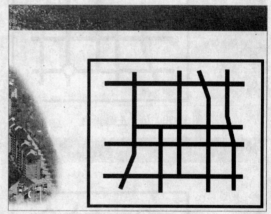

图 11-27　绘制其他的曲线

（28）选取工具箱中的椭圆工具，在图像编辑窗口中的合适位置绘制一个正圆，设置"填充"为白色、"描边"为黑色、"描边粗细"为 2pt，如图 11-28 所示。

（29）用同样的方法绘制其他正圆，效果如图 11-29 所示。

（30）使用选择工具选择正中间的正圆，填充其颜色为红色（CMYK 颜色参考值分别为 0、95、93、0），效果如图 11-30 所示。

（31）选取工具箱中的圆角矩形工具，绘制一个小圆角矩形，填充其颜色为灰色（CMYK 颜色参考值分别为 21、16、16、0），设置"描边"为无，如图 11-31 所示。

（32）用同样的方法绘制另一个圆角矩形，效果如图 11-32 所示。

（33）选取工具箱中的矩形工具，在图像编辑窗口中的合适位置绘制一个矩形，在工具属性栏中设置"填充"为灰色，如图 11-33 所示。

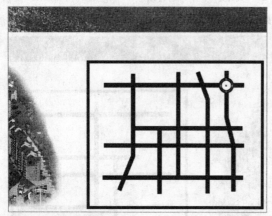

图 11-28　绘制并填充正圆

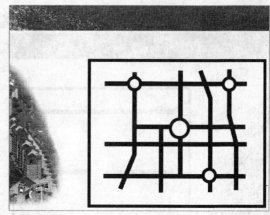

图 11-29　绘制其他正圆

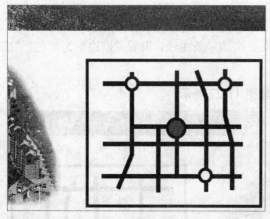

图 11-30　填充正圆颜色

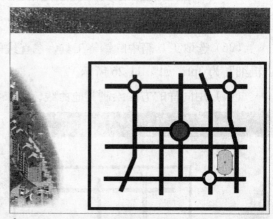

图 11-31　绘制并填充圆角矩形

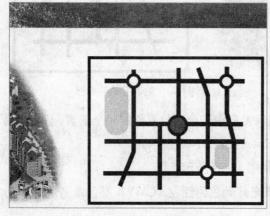

图 11-32　绘制另一个圆角矩形

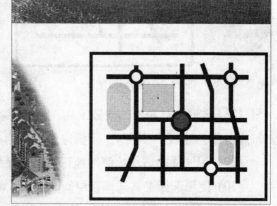

图 11-33　绘制并填充矩形

（34）用同样的方法绘制并填充其他矩形，效果如图 11-34 所示。

（35）使用工具箱中的文字工具，输入文字"本案"，设置其"字体"为"汉仪菱心体简"、"字体大小"为 10pt，效果如图 11-35 所示。

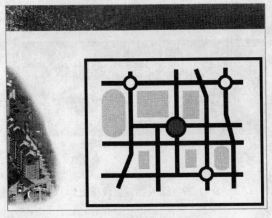

图 11-34　绘制并填充其他的矩形

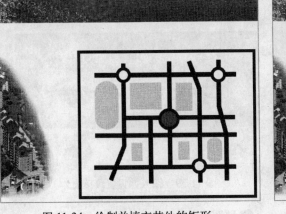

图 11-35　输入并设置文字

## 11.1.3　制作文字内容

制作文字内容的具体操作步骤如下：

（1）选取工具箱中的文字工具，在图像编辑窗口中的合适位置输入需要的文字，设置"字体"为"汉仪菱心体简"、"字体大小"为 47pt、"填充"为白色，效果如图 11-36 所示。

（2）使用文字工具在白色文字下方输入需要的文字，设置其"字体"为"黑体"、"字体大小"为 20pt、"填充"为蓝色（CMYK 颜色参考值分别为 100、95、5、0），效果如图 11-37 所示。

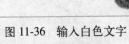

图 11-36　输入白色文字

图 11-37　输入蓝色文字

（3）使用文字工具，在图像编辑窗口中的合适位置输入需要的文字，设置"字体"为"汉仪菱心体简"、"字体大小"为 16pt、"填充"为红色（CMYK 颜色参考值分别为 45、95、100、13），效果如图 11-38 所示。

（4）使用文字工具输入一段段落文本，设置其"字体"为"黑体"、"字体大小"为 12pt，如图 11-39 所示。

（5）使用文字工具选择输入的电话号码，设置其"字体"为"华文琥珀"、"字体大小"为 14pt、"填充"为红色（CMYK 颜色参考值分别为 45、95、100、13），效果如图 11-40 所示。

（6）用同样的方法输入其他文字，并设置其属性，效果如图 11-41 所示。至此，完成现代型房地产广告的制作。

图 11-38　输入红色文字

图 11-39　输入并设置段落文本

图 11-40　设置文字

图 11-41　输入其他的文字

## 11.2　房地产广告——温馨型

本实例设计的是一款几何空间温馨型的房地产广告，整幅画面以黄色为主色调，且融合了山、水和夕阳的景色，画面温馨，让受众很自然地想到了家。

### 11.2.1　预览实例效果

本实例效果如图 11-42 所示。

图 11-42　温馨型房地产广告

## 11.2.2　制作图形效果

制作图形效果的具体操作步骤如下：

（1）单击"文件"|"新建"命令，新建一个竖向的空白文件。

（2）选取工具箱中的矩形工具，绘制一个与页面大小相同的矩形，并在工具属性栏中设置"填充"为白色，如图 11-43 所示。

图 11-43　绘制并填充矩形

（3）使用工具箱中的矩形工具，在图像编辑窗口中的合适位置绘制两个矩形，填充其颜色为褐色（CMYK 颜色参考值分别为 60、63、100、20），效果如图 11-44 所示。

（4）单击"文件"|"打开"命令，打开一幅素材图像，如图 11-45 所示。

（5）将素材图像复制并粘贴至温馨型房地产广告的设计窗口中，调整其大小，并放至合适位置，如图 11-46 所示。

图 11-44　绘制并填充两个矩形　　　图 11-45　打开素材图像　　　图 11-46　复制并粘贴素材图像

（6）重复单击"对象"|"排列"命令，将素材图像置于褐色矩形的下方，如图 11-47 所示。

（7）使用选择工具，依次选择大的褐色矩形和素材图像，单击鼠标右键，在弹出的快捷菜单中选择"建立剪切蒙版"选项，创建剪切蒙版，效果如图 11-48 所示。

（8）单击"文件"|"打开"命令，打开一幅素材图形，如图 11-49 所示。

图 11-47　调整图层叠放顺序　　　图 11-48　创建剪切蒙版　　　图 11-49　打开素材图形

（9）将素材中除绿色背景外的所有图形复制并粘贴至温馨房地产广告设计窗口中，调整其大小，并放在合适位置，效果如图 11-50 所示。

（10）单击"文件"|"打开"命令，打开一幅素材图形，如图 11-51 所示。

（11）将打开的素材图形复制并粘贴至温馨房地产广告设计窗口中，调整其大小并放至合适位置，效果如图 11-52 所示。

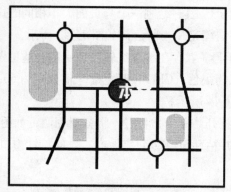

图 11-50  复制并调整图形    图 11-51  打开素材图形    图 11-52  复制并调整图形

### 11.2.3  制作文字内容

制作文字内容的具体操作步骤如下：

（1）选取工具箱中的文字工具，在图像编辑窗口中的合适位置输入文字"山水，夕阳，回家"，设置其"字体"为"汉仪菱心体简"、"字体大小"为 45pt、"填充"为红色（CMYK 颜色参考值分别为 15、100、90、10），效果如图 11-53 所示。

（2）使用工具箱中的文字工具，在红色文字的下方输入一段段落文本，设置其"字体"为"黑体"、"字体大小"为 10pt，效果如图 11-54 所示。

图 11-53  输入并设置文字

（3）使用文字工具，在图形中间的白色区域输入需要的文字，设置其"字体"为"黑体"、"字体大小"为 15pt、"填充"为褐色（CMYK 颜色参考值分别为 60、63、100、20），效果如图 11-55 所示。

（4）用同样的方法输入其他文字，并设置其属性，效果如图 11-56 所示。至此，完成温馨型房地产广告的制作。

图 11-54  输入并设置段落文本    图 11-55  输入并设置文字    图 11-56  输入并设置其他文字

## 11.3 房地产广告——复古型

本实例设计的是一款几何空间复古型的房地产广告，画面设计简洁，运用巧妙的图文排版，体现了浓郁的人文气息，同时也展示了丰富的生活。

### 11.3.1 预览实例效果

本实例效果如图 11-57 所示。

图 11-57 复古型房地产广告

### 11.3.2 制作图形效果

制作图形效果的具体操作步骤如下：

（1）单击"文件"|"新建"命令，新建一个横向的空白文件。

（2）选取工具箱中的矩形工具，绘制一个与页面大小相同的矩形，设置"填充"为蓝色（CMYK 颜色参考值分别为 55、38、29、0），如图 11-58 所示。

（3）用同样的方法绘制一个白色的矩形，如图 11-59 所示。

图 11-58 绘制并填充矩形

图 11-59 绘制并填充另一个矩形

（4）单击"文件"|"打开"命令，打开一幅素材图像，如图 11-60 所示。

（5）将素材图像复制并粘贴至复古型房地产广告设计窗口中，调整至合适位置和大小，如图 11-61 所示。

图 11-60　打开素材图

图 11-61　复制并调整图像

（6）保持素材图像为选中状态，单击"滤镜"｜"素描"｜"水彩画纸"命令，弹出"水彩画纸"对话框，单击"确定"按钮，应用"水彩画纸"滤镜，效果如图 11-62 所示。

（7）将素材图像置于白色矩形的下方，如图 11-63 所示。

图 11-62　应用"水彩画纸"滤镜

图 11-63　调整图层叠放顺序

（8）使用选择工具，依次选择绘制的白色矩形和素材图像，单击鼠标右键，在弹出的快捷菜单中选择"建立剪切蒙版"选项，创建剪切蒙版，效果如图 11-64 所示。

（9）选取工具箱中的钢笔工具，在图像的左上角绘制一条曲线，设置"描边"为白色、"描边粗细"为 2pt，如图 11-65 所示。

图 11-64　创建剪切蒙版

图 11-65　绘制曲线

（10）用同样的方法在图像的右下角绘制另一条曲线，效果如图 11-66 所示。

（11）单击"文件"|"打开"命令，打开一幅素材图形，如图 11-67 所示。

图 11-66 绘制另一条曲线

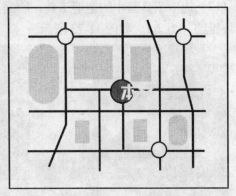

图 11-67 打开素材图形

（12）将打开的素材图形复制并粘贴到复古型房地产广告设计窗口中，调整其大小并放至合适位置，效果如图 11-68 所示。

（13）单击"文件"|"打开"命令，打开一幅素材图像，如图 11-69 所示。

图 11-68 复制并调整图形

图 11-69 打开素材图像

（14）将打开的素材图像复制并粘贴至复古型房地产广告设计窗口中，调整至合适位置和大小，如图 11-70 所示。

（15）使用矩形工具，在素材图像上绘制一个矩形，如图 11-71 所示。

图 11-70 复制并调整图像

图 11-71 绘制矩形

（16）使用选择工具，依次选择绘制的矩形和素材图像，单击鼠标右键，在弹出的快捷菜单中选择"建立剪切蒙版"选项，创建剪切蒙版，效果如图 11-72 所示。

（17）选取工具箱中的矩形工具，绘制一个矩形，设置"填充"为无、"描边"为黑色、"描边粗细"为 2pt，如图 11-73 所示。

　　　图 11-72　创建剪切蒙版　　　　　　　　图 11-73　绘制并设置矩形

（18）使用工具箱中的矩形工具，在图像上绘制一个正方形，如图 11-74 所示。

（19）保持正方形处于选中状态，设置正方形的"填充"为黑色、"描边"为无，效果如图 11-75 所示。

　　　图 11-74　绘制正方形　　　　　　　　图 11-75　填充正方形

（20）使用矩形工具绘制另一个正方形，设置"填充"为无、"描边"为黑色、"描边粗细"为 2pt，如图 11-76 所示。

（21）将绘制的正方形复制多个，效果如图 11-77 所示。

　　　图 11-76　绘制正方形　　　　　　　　图 11-77　复制正方形

（22）单击"文件"｜"打开"命令，打开一幅素材图形，如图 11-78 所示。

（23）将素材中除蓝色背景外的所有图形全部复制至复古型房地产广告设计窗口中，调整其大小并放至合适位置，效果如图 11-79 所示。

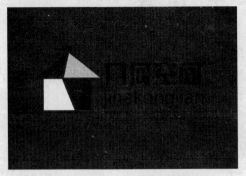

图 11-78 打开素材图形

图 11-79 复制并调整素材图形

### 11.3.3 制作文字内容

制作文字内容的具体操作步骤如下：

（1）选取工具箱中的文字工具，在图像编辑窗口中的合适位置输入文字"山"，设置其"字体"为"黑体"、"字体大小"为 72pt、"填充"为白色，如图 11-80 所示。

（2）使用文字工具，输入文字"峰"，设置其"字体"为"黑体"、"字体大小"为 55pt，效果如图 11-81 所示。

图 11-80 输入文字"山"

图 11-81 输入文字"峰"

（3）用同样的方法输入另外两个文字，并设置其属性，效果如图 11-82 所示。

（4）用同样的方法输入并设置其他文本，效果如图 11-83 所示。至此，完成复古型房地产广告的制作。

图 11-82 输入并设置另外两个文字

图 11-83 输入并设置其他文本

# 第 *12* 章　车类广告

车类广告和房地产广告一样，都是当前的热门广告，它不仅要给大众以美的享受，还要传递企业产品和销售等各方面的信息。本章通过制作 3 个实例，以多个版式和视觉角度全面讲解车类广告的设计创意技巧和制作流程。

## 12.1　车类广告——都市版 ➡

本实例设计的是一款都市版汽车广告，画面中的汽车光彩夺目，再加上广告语的修饰，给人一种安全、舒适以及无拘无束的感觉。

### 12.1.1　预览实例效果

实例效果如图 12-1 所示。

图 12-1　汽车广告之都市版

### 12.1.2　制作广告的主体效果

制作广告主体效果的具体操作步骤如下：

（1）单击"文件"｜"新建"命令，新建一个横向的空白文件。

（2）选取工具箱中的矩形工具，绘制一个与页面大小相同的矩形，填充其颜色为白色，如图 12-2 所示。

（3）单击"文件"｜"打开"命令，打开一幅素材图像，如图 12-3 所示。

（4）将打开的素材图像复制并粘贴至都市版汽车广告设计窗口中，效果如图 12-4 所示。

（5）选取工具箱中的矩形工具，绘制一个合适大小的矩形，如图 12-5 所示。

图 12-2 绘制矩形

图 12-3 打开素材图像

图 12-4 复制素材图像

图 12-5 绘制矩形

（6）使用选择工具依次选择绘制的矩形和素材图像，单击鼠标右键，在弹出的快捷菜单中选择"建立剪切蒙版"选项，创建剪切蒙版，效果如图 12-6 所示。

（7）选取工具箱中的矩形工具，绘制一个合适大小的矩形，填充其颜色为蓝色（CMYK颜色参考值分别为 100、100、0、0），如图 12-7 所示。

图 12-6 创建剪切蒙版

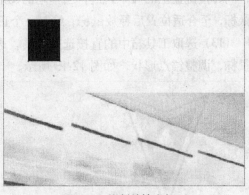

图 12-7 绘制并填充矩形

（8）选取工具箱中的添加锚点工具，在矩形上、下边的中间位置各添加一个锚点，如图 12-8 所示。

（9）选取工具箱中的直接选择工具，选择矩形上边中间的锚点，按住鼠标左键并拖动鼠标，至合适位置后释放鼠标，调整锚点的位置，效果如图 12-9 所示。

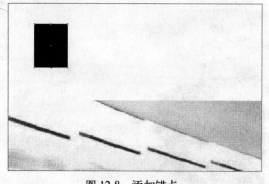

图 12-8　添加锚点

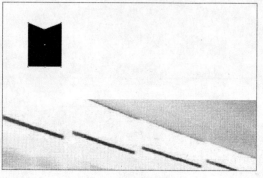

图 12-9　调整锚点位置

（10）用同样的方法调整其他锚点的位置，效果如图 12-10 所示。

（11）将调整形状后的图形进行复制并原位粘贴，调整复制图形至合适大小，并设置其"填充"为无、"描边"为蓝色（CMYK 颜色参考值分别为 100、100、0、0），效果如图 12-11 所示。

图 12-10　调整其他锚点的位置

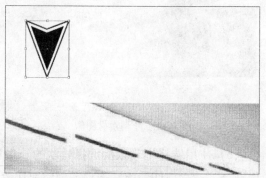

图 12-11　复制并设置图形

（12）选取工具箱中的星形工具，在图像编辑窗口中的合适位置按住鼠标左键并拖动鼠标，同时按键盘上的【↓】键，当拖动的图形变成三角形后，按住【Shift】键的同时继续拖动鼠标，至合适位置后释放鼠标，绘制一个正三角形，填充其颜色为白色，如图 12-12 所示。

（13）选取工具箱中的直接选择工具，选择正三角形上的一个锚点，按住鼠标左键并拖动鼠标，调整锚点形状，如图 12-13 所示。

图 12-12　绘制并填充正三角形

图 12-13　调整图形上的锚点

（14）用同样的方法调整其他锚点的位置，效果如图 12-14 所示。

（15）选取工具箱中的文字工具，在图像编辑窗口中的合适位置输入文字"中国 威驰"，并设置其"字体"为"黑体"、"字体大小"为12pt，如图12-15所示。

图12-14 调整图形上的其他锚点

图12-15 输入并设置文字

（16）选取工具箱中的椭圆工具，按住【Alt＋Shift】组合键的同时，在步骤（15）中输入的文字中间拖曳鼠标，绘制一个正圆，如图12-16所示。

（17）使用选择工具选择所有绘制的标志图形，单击"对象"|"编组"命令，将图形进行编组，效果如图12-17所示。

图12-16 绘制正圆

图12-17 编组图形

（18）单击"文件"|"打开"命令，打开一幅素材图像，如图12-18所示。

（19）将打开的素材图像复制并粘贴至都市版汽车广告设计窗口中，调整其大小并放至合适位置，如图12-19所示。

图12-18 打开素材图像

图12-19 复制并粘贴图像

（20）选取工具箱中的圆角矩形工具，按住【Shift】键的同时拖曳鼠标，在图像编辑窗口中绘制一个正圆角矩形，如图 12-20 所示。

（21）使用选择工具，依次选择绘制的矩形和素材图像，单击鼠标右键，在弹出的快捷菜单中选择"建立剪切蒙版"选项，创建剪切蒙版，效果如图 12-21 所示。

图 12-20　绘制正圆角矩形　　　　　　　　图 12-21　创建剪切蒙版

（22）用同样的方法打开另一幅素材图像，将其复制到都市版汽车广告设计窗口中并创建剪切蒙版，效果如图 12-22 所示。

（23）用同样的方法将另外两幅素材图像复制到都市版汽车广告设计窗口中并创建剪切蒙版，效果如图 12-23 所示。

图 12-22　复制另一幅图像并创建剪切蒙版　　　图 12-23　复制另两幅图像并创建剪切蒙版

### 12.1.3　制作广告的文字效果

制作广告文字效果的具体操作步骤如下：

（1）选取工具箱中的文字工具，输入文字"威驰"，选择输入的文字，设置其"字体"为"黑体"、"字体大小"为 15pt，并将其旋转，效果如图 12-24 所示。

（2）使用文字工具，在图像编辑窗口中的合适位置输入需要的网址，设置其"字体"为 Arial、"字体大小"为 15pt，效果如图 12-25 所示。

（3）使用文字工具，在图像编辑窗口中的合适位置输入需要的广告语，设置其"字体"为"黑体"、"字体大小"为 30pt，效果如图 12-26 所示。

（4）选取工具箱中的文字工具，在图像编辑窗口中的合适位置拖曳鼠标，创建一个文本框，并在文本框中输入需要的文字，选择段落文本，设置其"字体"为"黑体"、"字体大小"为10pt，效果如图12-27所示。

图 12-24　输入并设置文字

图 12-25　输入并设置网址文字

图 12-26　输入并设置广告语

图 12-27　输入并设置段落文本

（5）用同样的方法输入并设置其他文字，效果如图12-28所示。

（6）选取工具箱中的直线段工具，在图像编辑窗口中的合适位置绘制两条直线段，并设置两条直线段的"描边"为黑色，效果如图12-29所示。至此，完成汽车广告都市版效果的制作。

图 12-28　输入并设置其他文字

图 12-29　绘制两条直线段

## 12.2 车类广告——豪华版

本实例设计的是一款豪华版汽车广告，在设计上采用了直接展示的表现手法，黑色的汽车在背景的衬托下，尽显威驰汽车的典雅华贵与内外相彰的非凡气度。

### 12.2.1 预览实例效果

实例效果如图 12-30 所示。

图 12-30　汽车广告之豪华版

### 12.2.2 制作广告的主体效果

制作广告主体效果的具体操作步骤如下：

（1）单击"文件"|"新建"命令，新建一个横向的空白文件。

（2）单击"文件"|"打开"命令，打开一幅素材图像，如图 12-31 所示。

（3）将素材图像复制并粘贴至豪华型汽车广告设计窗口中，调整其大小，并放至合适位置，如图 12-32 所示。

图 12-31　打开素材图像

图 12-32　复制并调整素材图像

(4)选取工具箱中的矩形工具,在图像编辑窗口中的合适位置绘制一个矩形,如图 12-33 所示。

(5)使用选择工具,依次选择绘制的矩形和素材图像,单击鼠标右键,在弹出的快捷菜单中选择"建立剪切蒙版"选项,创建剪切蒙版,效果如图 12-34 所示。

图 12-33　绘制矩形　　　　　　　　　　　图 12-34　创建剪切蒙版

(6)选取工具箱中的矩形工具,在图像的下方绘制一个矩形,填充其颜色为灰色(CMYK 颜色参考值分别为 0、0、0、40),效果如图 12-35 所示。

(7)选取工具箱中的圆角矩形工具,在图像编辑窗口中的合适位置绘制一个圆角矩形,设置"填充"为黑色、"描边"为白色、"描边粗细"为 2pt,如图 12-36 所示。

图 12-35　绘制并填充矩形　　　　　　　　图 12-36　绘制并设置圆角矩形

(8)选取工具箱中的添加锚点工具,在圆角矩形下边的中点位置单击鼠标左键,添加锚点,如图 12-37 所示。

(9)选取工具箱中的直接选择工具,选择添加的锚点,按住鼠标左键并向下拖动鼠标,调整锚点的位置,效果如图 12-38 所示。

(10)选择调整后的圆角矩形,在工具属性栏中设置"不透明度"为 50%,效果如图 12-39 所示。

(11)选取工具箱中的直线段工具,在透明图形的上方绘制一条直线段,如图 12-40 所示。

图 12-37　添加锚点

图 12-38　调整锚点的位置

图 12-39　设置图形的不透明度

图 12-40　绘制直线段

（12）保持直线段处于选中状态，在工具属性栏中设置直线段的"不透明度"为 50%，效果如图 12-41 所示。

（13）用同样的方法绘制另外两条直线段，效果如图 12-42 所示。

图 12-41　设置直线段的不透明度

图 12-42　绘制另外两条直线段

（14）单击"文件"｜"打开"命令，打开一幅素材图形，如图 12-43 所示。

（15）将素材中除绿色矩形外的所有图形复制并粘贴至豪华型房地产广告设计窗口中，调整其至合适位置和大小，效果如图 12-44 所示。

图 12-43　打开素材图形　　　　　　　图 12-44　复制并粘贴素材图形

## 12.2.3　制作广告的文字效果

制作广告文字效果的具体操作步骤如下：

（1）选取工具箱中的文字工具，在图像编辑窗口的左上角输入网址，设置其"字体"为 Arial、"字体大小"为 15pt、"填充"为白色，效果如图 12-45 所示。

（2）使用文字工具，在图像编辑窗口中的合适位置输入广告语，设置其"字体"为"黑体"、"字体大小"为 32pt，效果如图 12-46 所示。

图 12-45　输入并设置网址　　　　　　　图 12-46　输入并设置广告语

（3）使用文字工具，选择文字"全新"，设置其"填充"为白色、"字体大小"为 40pt，效果如图 12-47 所示。

（4）用同样的方法输入并设置其他文字，效果如图 12-48 所示。

图 12-47　设置文字　　　　　　　　　图 12-48　输入并设置其他文字

（5）选取工具箱中的文字工具，在图像编辑窗口中的合适位置拖曳鼠标，创建一个文本框，并输入所需的段落文本，设置其"字体"为"黑体"、"字体大小"为 10pt、"填充"为白色，效果如图 12-49 所示。

（6）用同样的方法输入并设置另外的段落文本，效果如图 12-50 所示。至此，完成汽车广告豪华版的制作。

图 12-49　输入并设置段落文本

图 12-50　输入并设置另外的段落文本

## 12.3　车类广告——旅游客车

本实例设计的是一款旅游客车广告，在设计上采用的也是直接展示的表现手法，炫目的客车在耀眼背景的衬托下，尽显张扬的个性。

### 12.3.1　预览实例效果

实例效果如图 12-51 所示。

图 12-51　汽车广告之旅游客车

## 12.3.2 制作广告的主体效果

（1）单击"文件"|"新建"命令，新建一个竖向的空白文件。

（2）选取工具箱中的矩形工具，绘制一个与页面大小相同的矩形，填充其颜色为白色，如图 12-52 所示。

（3）单击"文件"|"打开"命令，打开一幅素材图形，如图 12-53 所示。

（4）将素材图形复制并粘贴至旅游客车广告设计窗口中，调整其至合适位置和大小，如图 12-54 所示。

（5）选取工具箱中的矩形工具，绘制一个合适大小的矩形，如图 12-55 所示。

图 12-52　绘制并填充矩形

图 12-53　打开素材图形

图 12-54　复制并粘贴素材图形

图 12-55　绘制矩形

（6）使用选择工具，依次选择素材图形和绘制的矩形，单击鼠标右键，在弹出的快捷菜单中选择"建立剪切蒙版"选项，创建剪切蒙版，效果如图 12-56 所示。

（7）单击"文件"|"打开"命令，打开一幅素材图像，如图 12-57 所示。

（8）将打开的素材图像复制并粘贴至旅游客车广告设计窗口中，调整其大小并放至合适位置，效果如图 12-58 所示。

图 12-56　创建剪切蒙版

图 12-57　打开素材图像

图 12-58　复制并粘贴素材图像

（9）保持客车图像处于选中状态，单击"效果"|"风格化"|"投影"命令，弹出"投影"对话框，单击"确定"按钮，为客车图像添加投影效果，如图 12-59 所示。

（10）选取工具箱中的矩形工具，绘制一个大小合适的矩形，填充其颜色为白色，如图 12-60 所示。

（11）将绘制的矩形进行复制，并调整复制图形的位置和大小，如图 12-61 所示。

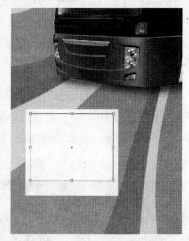

图 12-59　添加投影效果　　　图 12-60　绘制并填充矩形　　　图 12-61　复制并调整矩形

（12）单击"文件"|"打开"命令，打开一幅素材图像，如图 12-62 所示。

（13）将打开的素材图像复制并粘贴至旅游客车广告设计窗口中，调整其大小并放至合适位置，效果如图 12-63 所示。

图 12-62　打开素材图像　　　　　　　图 12-63　复制并调整素材图像

（14）单击"对象"|"排列"|"后移一层"命令，将复制的素材图像后移一层，如图 12-64 所示。

（15）使用选择工具，依次选择素材图像和素材图像上的白色矩形，单击鼠标右键，在弹出的快捷菜单中选择"建立剪切蒙版"选项，创建剪切蒙版，效果如图 12-65 所示。

（16）使用选择工具选择白色的矩形，单击"效果"|"风格化"|"投影"命令，弹出"投影"对话框，单击"确定"按钮，为白色矩形添加投影效果，如图 12-66 所示。

（17）使用选择工具，依次选择白色矩形及其上面的图像，单击鼠标右键，在弹出的快捷菜单中选择"编组"选项，将选择的对象进行编组，并将编组后的图形进行旋转，效果如图 12-67 所示。

（18）用同样的方法将另外两幅素材图像粘贴至该文件编辑窗口中，并创建剪切蒙版，进行相应的调整，效果如图 12-68 所示。

（19）单击"文件" | "打开"命令，打开一幅标志素材图形，将其复制并粘贴至旅游客车广告设计窗口中，调整其至合适位置和大小，效果如图 12-69 所示。

图 12-64　调整图层叠放顺序

图 12-65　创建剪切蒙版

图 12-66　添加投影效果

图 12-67　编组并旋转对象

图 12-68　粘贴另外两幅素材图像

图 12-69　复制并调整标志素材

### 12.3.3　制作广告的文字效果

制作广告文字效果的具体操作步骤如下：

（1）选取工具箱中的文字工具，在图形的左上角输入网址，设置其"字体"为 Arial、"字体大小"为 15pt，效果如图 12-70 所示。

（2）使用文字工具输入广告语，设置其"字体"为"汉仪菱心体简"、"字体大小"为 50pt、"填充"为白色，效果如图 12-71 所示。

（3）使用文字工具，选择文字"威驰"，设置其"字体大小"为 60pt、"填充"为红色（CMYK 颜色参考值分别为 0、100、100、0）、"描边"为白色、"描边粗细"为 3pt，效果如图 12-72 所示。

图 12-70　输入并设置网址

图 12-71　输入并设置广告语

图 12-72　设置文字

（4）使用选择工具选中输入的广告语，并在其上单击鼠标右键，在弹出的快捷菜单中选择"创建轮廓"选项，将文字转换为轮廓，如图 12-73 所示。

（5）保持转换为轮廓的文字为选中状态，单击鼠标右键，在弹出的快捷菜单中选择"取消编组"选项，选取工具箱中的选择工具，按住【Shift】键的同时，依次选择"威"和"驰"字，并将其移至合适位置，效果如图 12-74 所示。

（6）选取工具箱中的直接选择工具，按住【Shift】键的同时选中"驰"字上的两个锚点，如图 12-75 所示。

图 12-73　将文字转换为轮廓

图 12-74　调整文字位置

图 12-75　选中两个锚点

（7）按键盘上的【→】键，调整两个锚点的位置，效果如图 12-76 所示。

（8）使用选择工具选择所有单独的轮廓文字，对其进行编组，并调整旋转角度，效果如图 12-77 所示。

（9）选取工具箱中的文字工具，在图像编辑窗口中的合适位置输入需要的文字，选择输入的文字，设置"字体"为"汉仪菱心体简"、"字体大小"为 20pt、"填充"为白色，并调整旋转角度，效果如图 12-78 所示。

图 12-76　调整两个锚点的位置　　图 12-77　编组并旋转文字　　图 12-78　输入并设置文字

（10）使用文字工具在图形的下方输入需要的文字，并进行相应的设置，效果如图 12-79 所示。

（11）用同样的方法输入并设置其他文字，效果如图 12-80 所示。

（12）选取工具箱中的直线段工具，在图像编辑窗口中的合适位置绘制两条直线段，设置两条直线段的"描边"为黑色、"描边粗细"为 0.75pt，效果如图 12-81 所示。至此，完成汽车广告旅游客车效果的制作。

图 12-79　输入并设置字　　图 12-80　输入并设置其他文字　　图 12-81　绘制并设置直线段

## 12.4　车类广告——电动车

本实例设计的是一款电动车广告，整体设计以红色为主色调，尽显电动车的高档，且极具视觉冲击力。

### 12.4.1　预览实例效果

本实例效果如图 12-82 所示。

图 12-82 车类广告之电动车

## 12.4.2 制作广告的主体效果

制作广告主体效果的具体操作步骤如下：

（1）单击"文件"|"新建"命令，新建一个横向的空白文件。

（2）选取工具箱中的矩形工具，绘制一个与页面大小相同的矩形。在"渐变"面板中，设置"类型"为"径向"，并设置渐变矩形条下方两个滑块的"颜色"分别为红色（CMYK颜色参考值分别为 11、99、99、0）和暗红色（CMYK 颜色参考值分别为 50、100、100、27），为矩形填充渐变色，效果如图 12-83 所示。

（3）单击"文件"|"打开"命令，打开一幅素材图像，如图 12-84 所示。

图 12-83 绘制并渐变填充矩形

图 12-84 打开素材图像

（4）将打开的素材图像复制并粘贴至电动车广告设计窗口中，调整其至合适位置和大小，效果如图 12-85 所示。

（5）用同样的方法打开另一幅素材图像，将其复制并粘贴至电动车广告设计窗口中，效果如图 12-86 所示。

图 12-85　复制并粘贴素材图像

图 12-86　复制并粘贴另一幅素材图像

（6）选取工具箱中的圆角矩形工具，在图像的下方绘制一个圆角矩形，设置"填充"为白色，如图 12-87 所示。

（7）在工具属性栏中设置圆角矩形"不透明度"为 80%，效果如图 12-88 所示。

图 12-87　绘制并填充圆角矩形

图 12-88　设置图形的不透明度

（8）选取工具箱中的直线段工具，在透明圆角矩形上绘制一条直线，设置"描边"为黑色，如图 12-89 所示。

（9）用同样的方法绘制另一条直线，效果如图 12-90 所示。

图 12-89　绘制并设置直线段

图 12-90　绘制另一条直线段

### 12.4.3 制作广告的文字效果

制作广告文字效果的具体操作步骤如下：

（1）选取工具箱中的文字工具，在图像编辑窗口中的合适位置输入 shenyu，使用选择工具选择输入的文字，设置其"字体"为"汉仪菱心体简"、"字体大小"为 40pt、"颜色"为红色（CMYK 颜色参考值分别为 0、100、100、0）、"描边"为白色、"描边粗细"为 3pt，效果如图 12-91 所示。

（2）保持输入的文字为选中状态，单击鼠标右键，在弹出的快捷菜单中选择"创建轮廓"选项，将文字转换为轮廓，如图 12-92 所示。

图 12-91　输入并设置文字　　　　　　图 12-92　将文字转换为轮廓

（3）选取工具箱中的直接选择工具，选择轮廓文字中的两个锚点，如图 12-93 所示。

（4）按键盘上的【←】键，调整锚点的位置，效果如图 12-94 所示。

图 12-93　选择两个锚点　　　　　　　图 12-94　调整锚点位置

（5）选取工具箱中的文字工具，在图像编辑窗口中的合适位置输入需要的文字，并设置其"字体"为"汉仪菱心体简"、"字体大小"为 50pt、"填充"为白色，效果如图 12-95 所示。

（6）用同样的方法输入并设置另一段文字，效果如图 12-96 所示。

（7）使用工具箱中的文字工具，在图像编辑窗口中的合适位置输入网址，并设置其"字体"为"汉仪菱心体简"、"字体大小"为 15pt,效果如图 12-97 所示。

（8）用同样的方法输入并设置其他文字,效果如图 12-98 所示。至此,完成车类广告之电动车效果的制作。

图 12-95 输入并设置文字

图 12-96 输入并设置另一段文字

图 12-97 输入并设置网址

图 12-98 输入并设置其他文字

# 第 *13* 章　卡片设计

随着时代的发展，各类卡片被广泛应用于商务活动中，它在推销各类产品的同时，还起着展示、宣传企业的作用。使用 Illustrator CS3 可以方便而快捷地设计出各类卡片。本章将通过 3 个实例，详细讲解各类卡片及名片的组成要素、构图思路及版式布局。

## 13.1　卡片设计——VIP 卡

本实例设计的是一款淑女阁的 VIP 卡片，采用粉色为主色调，并以时尚女孩为元素，体现了淑女阁服装针对的对象是年轻女性，同时展现了淑女阁服装的清纯风格。

### 13.1.1　预览实例效果

实例效果如图 13-1 所示。

图 13-1　卡片设计之 VIP 卡

### 13.1.2　制作 VIP 卡正面效果

制作 VIP 卡正面效果的具体操作步骤如下：

（1）单击"文件"|"新建"命令，新建一个横向的空白文件。

（2）选取工具箱中的矩形工具，绘制一个与页面大小相同的矩形。在"渐变"面板中，设置"类型"为"线性"、"角度"为 118 度，为矩形填充渐变色，效果如图 13-2 所示。

（3）单击"文件"|"打开"命令，打开一幅素材图像，如图 13-3 所示。

（4）将打开的素材图像复制并粘贴至淑女阁 VIP 卡设计窗口中，调整大小，并放至合适位置，效果如图 13-4 所示。

图 13-2　绘制并渐变填充矩形　　　　图 13-3　打开素材图像　　　　图 13-4　复制并粘贴素材图像

（5）选取工具箱中的圆角矩形工具，在图像编辑窗口中的合适位置绘制一个圆角矩形，如图 13-5 所示。

（6）使用工具箱中的选择工具，按住【Shift】键的同时，依次选择圆角矩形和素材图像，单击鼠标右键，在弹出的快捷菜单中选择"建立剪切蒙版"选项，创建剪切蒙版，效果如图 13-6 所示。

（7）单击"文件"|"打开"命令，打开一幅素材图形，如图 13-7 所示。

图 13-5　绘制圆角矩形　　　　图 13-6　创建剪切蒙版　　　　图 13-7　素材图形

（8）将打开的素材图形复制并粘贴至淑女阁 VIP 卡设计窗口中，调整大小，并放到使适位置，效果如图 13-8 所示。

（9）选取工具箱中的圆角矩形工具，绘制一个大小合适的圆角矩形，如图 13-9 所示。

（10）选取工具箱中的选择工具，按住【Shift】键的同时，依次选择圆角矩形和素材图形，单击鼠标右键，在弹出的快捷菜单中选择"建立剪切蒙版"选项，创建剪切蒙版，效果如图 13-10 所示。

图 13-8　复制并粘贴图形　　　图 13-9　绘制圆角矩形　　　图 13-10　创建剪切蒙版

（11）单击"文件"|"打开"命令，打开一幅素材图形，如图 13-11 所示。

（12）将打开的素材图形复制并粘贴至淑女阁 VIP 卡设计窗口中，如图 13-12 所示。

图 13-11　素材图形

（13）选取工具箱中的圆角矩形工具，在图像编辑窗口的合适位置绘制一个大小合适的圆角矩形，如图 13-13 所示。

（14）使用选择工具，按住【Shift】键的同时，依次选择圆角矩形和素材图形，单击鼠标右键，在弹出的快捷菜单中选择"建立剪切蒙版"选项，创建剪切蒙版，效果如图 13-14 所示。

图 13-12　复制并粘贴图形　　　图 13-13　绘制圆角矩形　　　图 13-14　创建剪切蒙版

（15）选取工具箱中的矩形工具，绘制一个矩形长条，在工具属性栏中设置"填充"为洋红色（CMYK 颜色参考值分别为 5、93、0、0），如图 13-15 所示。

（16）使用工具箱中的直接选择工具，选择矩形右上角的锚点，按键盘上的【←】键，调整锚点的位置，效果如图 13-16 所示。

（17）将洋红色的图形进行原位复制，并填充其颜色为黑色，如图 13-17 所示。

图 13-15　绘制并填充矩形　　　图 13-16　调整锚点位置　　　图 13-17　复制并填充图形

（18）将黑色图形置于洋红色图形的下方，并按键盘上的【→】和【↓】键，调整图形的位置，效果如图 13-18 所示。

（19）选取工具箱中的圆角矩形工具，在图形的左上角绘制一个黑色的圆角矩形，如图 13-19 所示。

（20）将黑色的圆角矩形进行原位复制，设置"填充"为白色，并调整其位置，效果如图 13-20 所示。

图 13-18　调整图形位置和叠放顺序　　图 13-19　绘制黑色圆角矩形　　图 13-20　复制并调整圆角矩形

（21）选取工具箱中的文字工具，在白色圆角矩形上输入文字"淑女阁"，使用选择工具选中输入的文字，设置"字体"为"方正姚体"、"字体大小"为 25pt、"填充"为洋红色（CMYK 颜色参考值分别为 5、93、0、0），如图 13-21 所示。

（22）保持输入的文字为选中状态，单击鼠标右键，在弹出的快捷菜单中选择"创建轮廓"选项，将文字转换为轮廓，如图 13-22 所示。

（23）选取工具箱中的直接选择工具，同时选中"女"字右侧的两个锚点，如图 13-23 所示。

图 13-21　输入并设置文字

图 13-22　将文字转换为轮廓

图 13-23　选择两个锚点

（24）按键盘上的【→】键，调整锚点的位置，效果如图 13-24 所示。

（25）用同样的方法调整另外两个锚点的位置，效果如图 13-25 所示。

（26）使用选择工具选择调整形状后的文字，将其复制，设置"填充"为白色，并调整其位置，效果如图 13-26 所示。

图 13-24　调整锚点位置

图 13-25　调整另两个锚点的位置

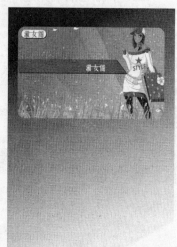

图 13-26　复制并调整文字

（27）选取工具箱中的文字工具，在图像编辑窗口中的合适位置输入文字"VIP 会员卡"，并设置其"字体"为"汉仪菱心体简"、"字体大小"为 36.5pt，如图 13-27 所示。

（28）复制输入的文字"VIP 会员卡"，并设置"填充"为白色，将其调整至合适位置，效果如图 13-28 所示。

（29）用同样的方法输入并设置其他文字，效果如图 13-29 所示。

图 13-27　输入并设置文字　　　图 13-28　复制并设置文字　　　图 13-29　输入并设置其他文字

### 13.1.3　制作 VIP 卡反面

制作 VIP 卡反面效果的具体操作步骤如下：

（1）使用选择工具，选择所有绘制的卡片正面图形，按住【Alt】键的同时，向下拖曳鼠标，复制并移动图形，如图 13-30 所示。

（2）将复制图形中的部分图形对象删除，效果如图 13-31 所示。

（3）选取工具箱中的矩形工具，在图像编辑窗口中的合适位置绘制一个黑色矩形，如图 13-32 所示。

（4）选取工具箱中的文字工具，在图像编辑窗口中的合适位置输入文字"贵宾签名："，并设置其"字体"为"黑体"、"字体大小"为 12pt，如图 13-33 所示。

图 13-30　复制并移动图形

（5）选取工具箱中的矩形工具，在文字右侧绘制一个黑色矩形，如图 13-34 所示。

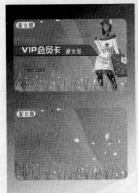

图 13-31　删除部分对象　　图 13-32　绘制矩形　　图 13-33　输入并设置文字　　图 13-34　绘制矩形

（6）将黑色的矩形进行复制，在工具属性栏中设置"填充"为白色，并调整其位置，效果如图 13-35 所示。

（7）用同样的方法，输入并设置其他文字，效果如图 13-36 所示。

（8）选取工具箱中的椭圆工具，在文字的左侧绘制多个黑色的正圆，效果如图 13-37 所示。至此，完成 VIP 卡设计效果的制作。

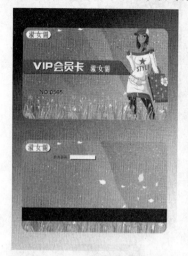

图 13-35　复制并填充矩形　　　图 13-36　输入并设置其他文字　　　图 13-37　绘制多个黑色正圆

## 13.2　卡片设计——电话卡

本实例设计的是一款电话卡，整体上采用了中国国画的风格，构图稳重、颜色柔和统一、版式规范。

### 13.2.1　预览实例效果

实例效果如图 13-38 所示。

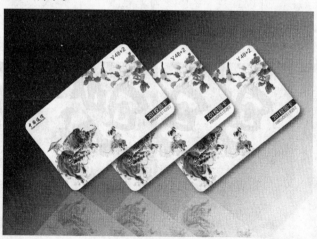

图 13-38　卡片设计之电话卡

### 13.2.2　制作电话卡的图形效果

制作电话卡图形效果的具体操作步骤如下：

（1）单击"文件"|"新建"命令，新建一个横向的空白文件。

（2）选取工具箱中的矩形工具，绘制一个与页面大小相同的矩形。在"渐变"面板中，设置"类型"为"线性"、"角度"为136度，对矩形进行渐变填充，效果如图13-39所示。

（3）选取工具箱中的圆角矩形工具，在渐变图形上绘制一个大小合适的白色圆角矩形，如图13-40所示。

图 13-39 绘制并渐变填充矩形

图 13-40 绘制圆角矩形

（4）单击"文件"|"打开"命令，打开一幅素材图像，如图13-41所示。

（5）将素材图像复制并粘贴至电话卡设计窗口中，调整其大小，放至合适位置，如图13-42所示。

图 13-41 打开素材图像

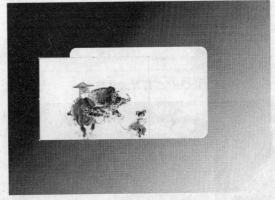

图 13-42 复制并粘贴素材图像

（6）将先前绘制的圆角矩形进行复制，并将其置于顶层，如图13-43所示。

（7）使用选择工具，按住【Shift】键的同时，依次选择复制的矩形和素材图像，单击鼠标右键，在弹出的快捷菜单中选择"建立剪切蒙版"选项，创建剪切蒙版，效果如图13-44所示。

（8）单击"文件"|"打开"命令，打开一幅素材图像，如图13-45所示。

（9）将素材图像复制并粘贴至电话卡设计窗口中，调整其大小，放至合适位置，如图13-46所示。

（10）将圆角矩形再次进行复制，并将其置于顶层，如图13-47所示。

（11）按住【Shift】键的同时，使用选择工具依次选择圆角矩形和步骤（9）中粘贴的素材图像，单击鼠标右键，在弹出的快捷菜单中选择"建立剪切蒙版"选项，创建剪切蒙版，效果如图 13-48 所示。

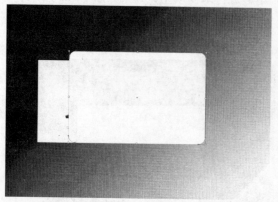

图 13-43　复制圆角矩形并调整图层顺序

图 13-44　创建剪切蒙版

图 13-45　打开素材图像

图 13-46　复制并调整素材图像

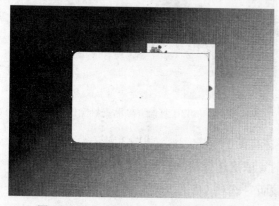

图 13-47　复制圆角矩形并调整图层顺序

图 13-48　创建剪切蒙版

（12）选取工具箱中的文字工具，输入文字"福"，设置其"字体"为"华文行楷"、"字体大小"为350pt、"填充"为橙色（CMYK 颜色参考值分别为0、50、100、0），如图 13-49 所示。

（13）单击"窗口"｜"透明度"命令，弹出"透明度"面板，从中设置"不透明度"为10%，效果如图 13-50 所示。

图 13-49　输入并设置文字

图 13-50　设置文字不透明度

（14）使用选择工具，将文字进行旋转操作，如图 13-51 所示。

（15）再次将白色圆角矩形进行复制，并将其置于顶层，如图 13-52 所示。

图 13-51　旋转文字

图 13-52　复制圆角矩形并调整图层顺序

（16）按住【Shift】键的同时，使用选择工具依次选择复制的圆角矩形和文字，单击鼠标右键，在弹出的快捷菜单中选择"建立剪切蒙版"选项，创建剪切蒙版，效果如图 13-53 所示。

（17）选取工具箱中的矩形工具，绘制一个大小合适的矩形，设置"填充"为蓝色（CMYK 颜色参考值分别为 100、100、0、0），效果如图 13-54 所示。

图 13-53　创建剪切蒙版

图 13-54　绘制矩形

## 13.2.3 制作电话卡文字和立体效果

制作电话卡文字和立体效果的具体操作步骤如下：

（1）选取工具箱中的文字工具，在图像编辑窗口中的合适位置输入文字"中国通信"，并设置其"字体"为"华文行楷"、"字体大小"为 16pt、"填充"为蓝色（CMYK 颜色参考值分别为 100、100、0、0），如图 13-55 所示。

（2）使用文字工具，在文字的下方输入需要的英文字母，并设置其"字体"为 Arial、"字体大小"为 5.5pt、"填充"为蓝色，效果如图 13-56 所示。

图 13-55 输入并设置文字

图 13-56 输入并设置英文字母

（3）使用文字工具，在蓝色矩形条上输入需要的文字，并设置输入文字的"字体"为"黑体"、"字体大小"为 18pt、"填充"为白色，效果如图 13-57 所示。

（4）用同样的方法输入并设置其他文字，效果如图 13-58 所示。

图 13-57 输入并设置文字

图 13-58 输入并设置其他文字

（5）选择底层的白色圆角矩形，单击"效果"｜"风格化"｜"投影"命令，弹出"投影"对话框，单击"确定"按钮，为图形添加投影效果，如图 13-59 所示。

（6）将所有绘制的图形进行编组，并调整其大小和位置，效果如图 13-60 所示。

（7）使用选择工具，旋转编组图形，效果如图 13-61 所示。

（8）使用选择工具，按住【Alt】键的同时向左拖曳鼠标，复制两个图形，效果如图 13-62 所示。

图 13-59 添加投影效果

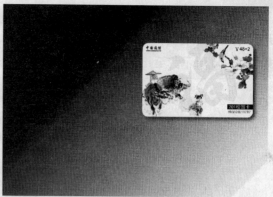

图 13-60 编组并调整图形

图 13-61 旋转图形

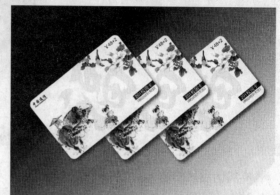

图 13-62 复制并移动图形

（9）将 3 个图形对象进行编组，将其复制，并进行垂直镜像处理，效果如图 13-63 所示。

（10）保持复制并垂直镜像的图形为选中状态，在工具属性栏中设置其"不透明度"为 20%，效果如图 13-64 所示。

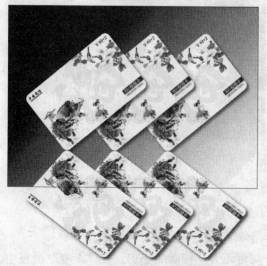

图 13-63 复制并垂直镜像图形

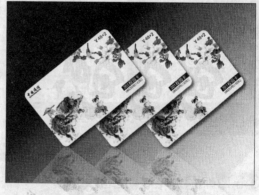

图 13-64 调整图形的不透明度

（11）选取工具箱中的矩形工具，绘制一个合适大小的矩形，如图 13-65 所示。

（12）按住【Shift】键的同时，使用选择工具，依次选择绘制的矩形和复制并旋转的图形，单击鼠标右键，在弹出的快捷菜单中选择"建立剪切蒙版"选项，创建剪切蒙版，效果如图 13-66 所示。至此，完成电话卡设计效果的制作。

图 13-65　绘制矩形

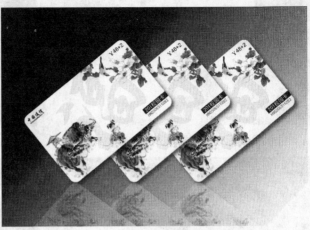

图 13-66　创建剪切蒙版

## 13.3　卡片设计——名片

本实例设计的是一款折叠名片，它以文字为主、图形为辅进行创意设计，有力地传达了名片与企业的信息，实例效果如图 13-67 所示。

### 13.3.1　预览实例效果

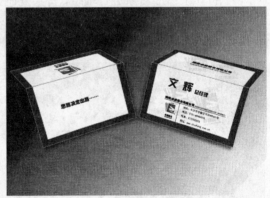

图 13-67　卡片设计之名片设计

### 13.3.2　制作名片正面效果

制作名片正面效果的具体操作步骤如下：

（1）单击"文件"|"新建"命令，新建一个横向的空白文件。

（2）选取工具箱中的矩形工具，绘制一个与页面大小相同的矩形。在"渐变"面板中，设置"类型"为"线性"、"角度"为 136 度，为矩形填充渐变色，效果如图 13-68 所示。

（3）选取工具箱中的矩形工具，绘制一个大小合适的矩形，设置"填充"为蓝色（CMYK

颜色参考值分别为 100、100、0、0)、"描边"为灰色（CMYK 颜色参考值分别为 0、0、0、50)，效果如图 13-69 所示。

图 13-68　绘制并渐变填充矩形

图 13-69　绘制并填充矩形

（4）将蓝色的矩形进行原位复制，调整其大小并放至合适的位置，效果如图 13-70 所示。

（5）选取工具箱中的矩形工具，绘制一个白色的矩形，并在工具属性栏中设置"填充"为灰色（CMYK 颜色参考值分别为 0、0、0、50)，效果如图 13-71 所示。

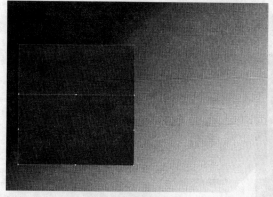

图 13-70　复制并调整图形

图 13-71　绘制矩形

（6）用同样的方法绘制另外一个白色的矩形，效果如图 13-72 所示。

（7）单击"文件"｜"打开"命令，打开一幅素材图形，如图 13-73 所示。

图 13-72　绘制矩形

图 13-73　素材图形

（8）将素材图形复制并粘贴至折叠名片设计窗口中，调整其大小并放至合适位置，如图 13-74 所示。

（9）使用选择工具对素材图形进行旋转操作，效果如图 13-75 所示。

图 13-74　复制并粘贴素材图形　　　　　　　　图 13-75　旋转素材图形

（10）选取工具箱中的文字工具，在图像编辑窗口中的合适位置输入需要的文字，如图 13-76 所示。

（11）使用选择工具选中输入的文字，设置"字体"为"华文琥珀"、"字体大小"为 20pt，效果如图 13-77 所示。

图 13-76　输入文字　　　　　　　　　　　　　图 13-77　设置文字属性

### 13.3.3　制作名片内侧效果

制作名片内侧效果的具体操作步骤如下：

（1）将所有绘制的名片正面图形进行复制，并移动到窗口的右侧，如图 13-78 所示。

（2）删除复制图形内的部分图形对象，效果如图 13-79 所示。

（3）单击"文件"｜"打开"命令，打开一幅标志素材图形，将打开的素材图形复制并粘贴至折叠名片设计窗口中，并对其进行旋转，效果如图 13-80 所示。

（4）保持复制并旋转的素材图形处于选中状态，在工具属性栏中设置图形的"不透明度"为 10%，效果如图 13-81 所示。

图 13-78 复制名片正面图形

图 13-79 删除部分图形

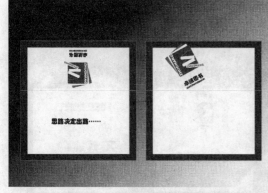

图 13-80 复制粘贴并旋转图形

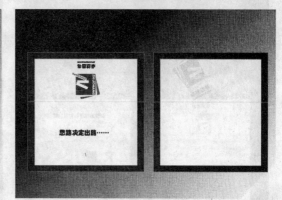

图 13-81 调整图形的不透明度

（5）将透明图形复制 3 个，并移动到合适位置，效果如图 13-82 所示。

（6）切换至先前打开的标志素材图形的图像编辑窗口中，将标志图形进行复制，将其粘贴至折叠名片设计窗口中，调整其大小并放到合适位置，效果如图 13-83 所示。

图 13-82 复制透明图形

图 13-83 复制并调整图形

（7）选取工具箱中的文字工具，在图像编辑窗口中的合适位置输入需要的文字，并设置其"字体"为"华文琥珀"、"字体大小"为 17pt，效果如图 13-84 所示。

（8）用同样的方法在合适位置输入需要的文字，效果如图 13-85 所示。

（9）选取工具箱中的文字工具，在图像编辑窗口中的合适位置输入"文辉"，设置其"字体"为"汉仪菱心体简"、"字体大小"为 39pt，效果如图 13-86 所示。

（10）用同样的方法输入并设置其他文字，效果如图 13-87 所示。

图 13-84　输入并设置文字

图 13-85　输入并设置其他文字

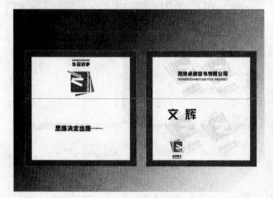

图 13-86　输入并设置文字

图 13-87　输入并设置其他文字

（11）选取工具箱中的直线段工具，在图像编辑窗口中的合适位置绘制一条直线段，设置"描边"为黑色，效果如图 13-88 所示。

（12）用同样的方法绘制另一条直线段，效果如图 13-89 所示。

图 13-88　绘制直线段

图 13-89　绘制另一条直线段

### 13.3.4　制作名片立体效果

制作名片立体效果的具体操作步骤如下：

（1）使用选择工具，选择名片正面的上半部分图形，单击"对象"|"封套扭曲"|"用网格建立"命令，弹出"封套网格"对话框，设置"行数"和"列数"均为1，单击"确定"按钮，为图形对象添加封套扭曲网格。用同样的方法为其他图形添加封套扭曲网格。

（2）选取工具箱中的直接选择工具，选择名片正面的上半部分图形，并选择右上角的锚点，在其上按住鼠标左键并拖动鼠标，调整锚点的位置，如图 13-90 所示。

（3）使用直接选择工具，选择右下角的锚点，在其上按住鼠标左键并向上拖动鼠标，调整锚点的位置，效果如图 13-91 所示。

图 13-90 调整锚点位置

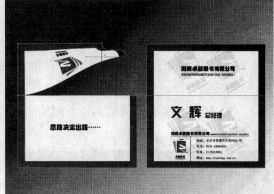

图 13-91 调整右下角的锚点

（4）使用直接选择工具调整锚点上的控制柄，改变图形的形状，效果如图 13-92 所示。

（5）使用直接选择工具选择左下角的锚点，并向上拖曳鼠标，调整锚点的位置，如图 13-93 所示。

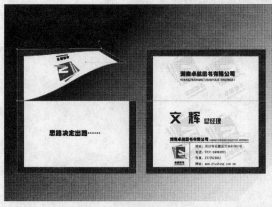

图 13-92 调整控制柄

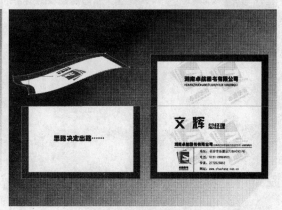

图 13-93 调整左下角的锚点

（6）使用直接选择工具调整锚点上的控制柄，改变图形的形状，效果如图 13-94 所示。

（7）用同样的方法调整名片正面下半部分图形的形状，效果如图 13-95 所示。

图 13-94 调整控制柄

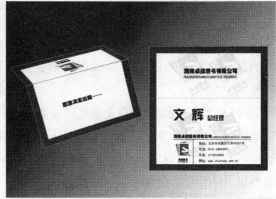

图 13-95 调整另一部分图形的形状

（8）选取工具箱中的选择工具，选择名片正面的下半部分图形，单击"效果"｜"风格化"｜"投影"命令，弹出"投影"对话框，单击"确定"按钮，为图形添加投影效果，如图 13-96 所示。

（9）用同样的方法调整名片内侧的图形效果，如图 13-97 所示。至此，完成名片设计效果的制作。

图 13-96 添加投影效果

图 13-97 调整名片内侧图形

# 第 *14* 章　风景插画

插画设计是以简单的图形绘画形式表现复杂的图像效果，是一种灵活的绘画方式。进行插画设计时，可以充分运用绘画和色彩构成，表现手法可以多样化。

## 14.1　风景插画——浪漫海岸 ➡

本实例设计的是一幅浪漫海岸风景插画，整体设计以蓝色调为主，画面清新、自然，令人赏心悦目。

### 14.1.1　预览实例效果

本实例效果如图 14-1 所示。

图 14-1　风景插画之浪漫海岸

### 14.1.2　绘制天空和海滩

绘制天空和海滩的具体操作步骤如下：

（1）单击"文件"|"新建"命令，新建一个横向的空白文件。

（2）选取工具箱中的矩形工具，绘制一个与页面大小相同的矩形。在"渐变"面板中，设置"类型"为"线性"，在渐变矩形条下方 40%位置处添加 1 个渐变滑块，将 0%位置处的滑块移至 20%位置处，设置 20%、40%和 100%位置处滑块的颜色分别为浅蓝色（CMYK 颜色参考值分别为 13、1、2、0）、蓝色（CMYK 颜色参考值分别为 70、3、7、0）和深蓝色（CMYK 颜色参考值分别为 94、56、0、0），并设置"角度"为 90 度，为矩形填充渐变色，效果如图 14-2 所示。

（3）使用矩形工具绘制一个矩形，在"渐变"面板中设置"类型"为"线性"，将渐变矩形条下方 100%位置处的渐变滑块移动到 85%位置，设置 0%和 85%位置处的滑块颜色分别为白色和肉色（CMYK 颜色参考值分别为 2、9、19、0），并设置"角度"为-90 度，为矩形填充渐变色，效果如图 14-3 所示。

图 14-2　绘制并渐变填充矩形　　　　　　　　图 14-3　绘制并渐变填充另一个矩形

（4）选取工具箱中的钢笔工具，在图像编辑窗口中的合适位置单击鼠标左键，创建一个锚点，将鼠标指针移至另一位置并拖曳鼠标，绘制一条曲线，如图 14-4 所示。

（5）用同样的方法创建其他锚点，绘制出一个闭合路径，如图 14-5 所示。

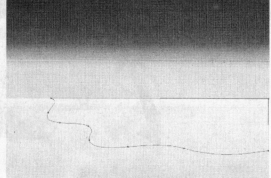

图 14-4　绘制曲线　　　　　　　　　　　图 14-5　绘制闭合路径

（6）在"渐变"面板中设置"类型"为"线性"，在渐变矩形条下方 70%位置处添加 1 个渐变滑块，分别设置 0%、70%和 100%位置处滑块的颜色为淡蓝色（CMYK 颜色参考值分别为 22、0、8、0）、蓝色（CMYK 颜色参考值分别为 90、16、0、0）和深蓝色（CMYK 颜色参考值分别为 98、85、0、0），并设置"角度"为-100 度，为绘制的闭合路径填充渐变色，效果如图 14-6 所示。

（7）用同样的方法绘制另外 3 个闭合路径，填充颜色为白色，并设置相应的不透明度，效果如图 14-7 所示。

（8）选取工具箱中的椭圆工具，按住【Shift】键的同时在图像编辑窗口中的合适位置绘制一个正圆，设置"填充"为白色、"不透明度"为 48%，如图 14-8 所示。

（9）用同样的方法绘制并设置其他正圆，效果如图 14-9 所示。

（10）选取工具箱中的多边形工具，在图像编辑窗口中的合适位置绘制一个六边形，设置"填充"为白色、"不透明度"为 17%，如图 14-10 所示。

（11）用同样的方法绘制并设置另外一个六边形，并将两个六边形进行编组，效果如图 14-11 所示。

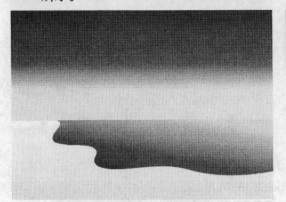

图 14-6　渐变填充颜色

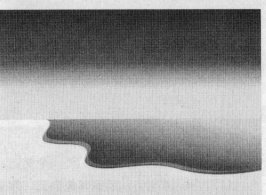

图 14-7　绘制闭合路径并填充颜色

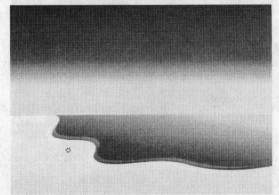

图 14-8　绘制并设置正圆

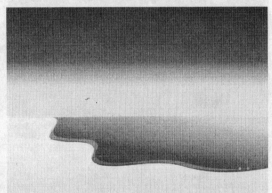

图 14-9　绘制并设置其他正圆

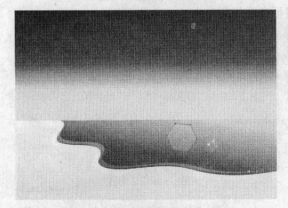

图 14-10　绘制并设置六边形

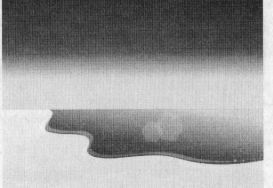

图 14-11　绘制另一个六边形并编组

（12）将编组后的图形进行复制粘贴，调整其大小，并放至合适位置，效果如图 14-12 所示。

（13）选取工具箱中的椭圆工具，在图像编辑窗口中的合适位置绘制一个椭圆，设置"填充"为白色，如图 14-13 所示。

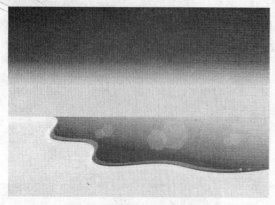

图 14-12 复制并调整图形

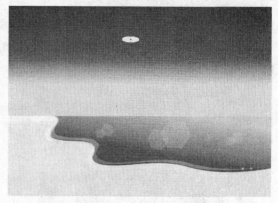

图 14-13 绘制并填充椭圆

（14）使用椭圆工具绘制另外一个椭圆，如图 14-14 所示。

（15）用同样的方法绘制其他椭圆，效果如图 14-15 所示。

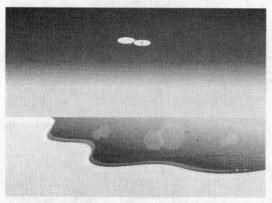

图 14-14 绘制另一个椭圆

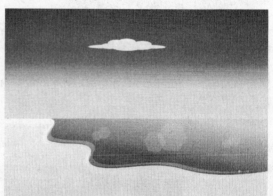

图 14-15 绘制其他椭圆

（16）将所有绘制的椭圆进行编组，并设置"不透明度"为 46%，效果如图 14-16 所示。

（17）复制并粘贴编组后的图形，并调整至合适位置和大小，效果如图 14-17 所示。

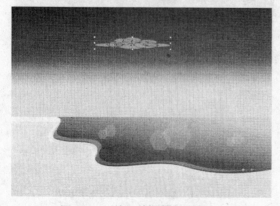

图 14-16 编组并调整不透明度

图 14-17 复制并调整编组后的图形

（18）选取工具箱中的光晕工具，在图像编辑窗口中的合适位置按住鼠标左键并拖动鼠标，至合适位置后释放鼠标，然后将鼠标指针移至另一个位置单击鼠标左键，创建光晕效果，如图 14-18 所示。

（19）用同样的方法添加另外一个光晕效果，效果如图 14-19 所示。

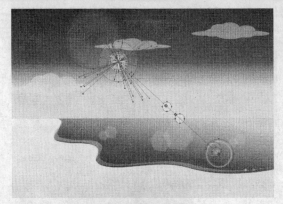
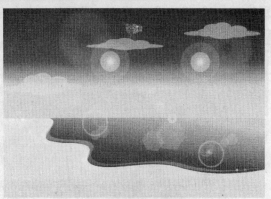

图 14-18　创建光晕效果　　　　　　　　　　图 14-19　创建另一个光晕效果

## 14.1.3　绘制山和树

绘制山和树的具体操作步骤如下：

（1）使用钢笔工具，在图像编辑窗口中的合适位置绘制一个闭合路径，作为山峰，设置"填充"为草绿色（CMYK 颜色参考值分别为 63、18、89、5），如图 14-20 所示。

（2）用同样的方法绘制另外一个闭合路径作为山峰，设置"填充"为墨绿色（CMYK 颜色参考值分别为 75、31、97、16），并调整图层叠放顺序，效果如图 14-21 所示。

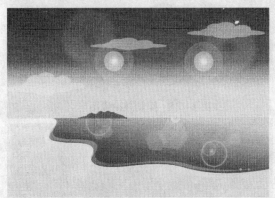
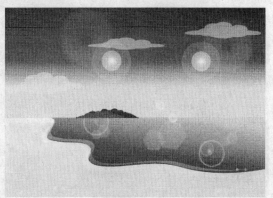

图 14-20　绘制并填充闭合路径　　　　　　图 14-21　绘制并填充另一个闭合路径

（3）将绘制的墨绿色山峰进行复制并镜像，设置"不透明度"为 36%，效果如图 14-22 所示。

（4）用同样的方法绘制另外一座山峰，效果如图 14-23 所示。

（5）选取工具箱中的钢笔工具，在图像编辑窗口中的合适位置绘制一个闭合路径，设置"填充"为绿色（CMYK 颜色参考值分别为 64、21、88、6），如图 14-24 所示。

（6）将绘制的闭合路径进行复制，设置"不透明度"为 73%，并调整其位置和叠放顺序，效果如图 14-25 所示。

（7）选取工具箱中的钢笔工具，绘制一个闭合路径，作为树干，如图 14-26 所示。

（8）在"渐变"面板中设置"类型"为"线性"，在渐变矩形条下方 50% 位置处添加 1

个渐变滑块，分别设置 0%、50% 和 100% 位置处滑块的颜色为土黄色（CMYK 颜色参考值分别为 22、40、98、8）、褐色（CMYK 颜色参考值分别为 22、62、94、8）和深褐色（CMYK 颜色参考值分别为 40、90、94、48），并设置"角度"为-107 度，效果如图 14-27 所示。

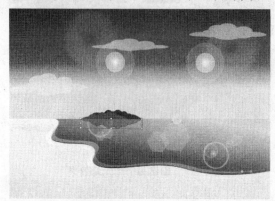

图 14-22　复制并镜像图形

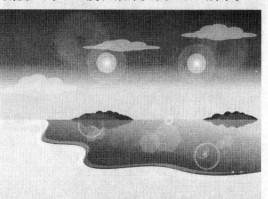

图 14-23　绘制另一座山峰

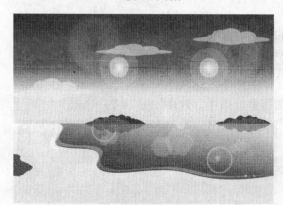

图 14-24　绘制并填充路径

图 14-25　复制并设置图形

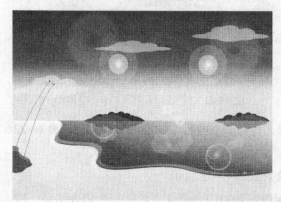

图 14-26　绘制闭合路径

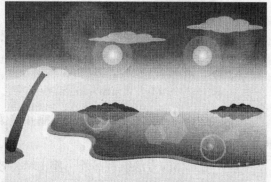

图 14-27　填充渐变色

（9）选取工具箱中的钢笔工具，在图像编辑窗口中的合适位置绘制一个闭合路径，设置"填充"为草绿色（CMYK 颜色参考值分别为 38、11、94、2），如图 14-28 所示。

（10）用同样的方法绘制并填充其他闭合路径，并将绘制的图形进行编组，效果如图 14-29 所示。

图 14-28 绘制并填充颜色

图 14-29 绘制、填充其他闭合路径并编组

（11）用同样的方法绘制另外一层叶子，填充相应的颜色，并调整图层的叠放顺序，效果如图 14-30 所示。

（12）将所有树的图形编组，并将编组后的图形进行复制粘贴，再调整至合适位置和大小，效果如图 14-31 所示。

图 14-30 绘制其他树叶并调整图层叠放顺序

图 14-31 编组、复制并调整图形

（13）选取工具箱中的矩形工具，在图像编辑窗口中的合适位置绘制一个矩形，如图 14-32 所示。

（14）按住【Shift】键的同时，使用选择工具，依次选择绘制的矩形和复制的图形，单击鼠标右键，在弹出的快捷菜单中选择"建立剪切蒙版"选项，创建剪切蒙版，效果如图 14-33 所示。至此，完成浪漫海岸效果的制作。

图 14-32 绘制矩形

图 14-33 创建剪切蒙版

## 14.2　风景插画——屋顶风情

本实例设计的是一幅屋顶风情风景插画，整幅设计以暖色调为主，画面温馨、浪漫，取景角度独特。

### 14.2.1　预览实例效果

实例效果如图 14-34 所示。

图 14-34　风景插画之屋顶风情

### 14.2.2　绘制天空和屋顶

绘制天空和屋顶的具体操作步骤如下：

（1）单击"文件"|"新建"命令，新建一个横向的空白文件。

（2）选取工具箱中的矩形工具，绘制一个与页面大小相同的矩形。在"渐变"面板中，设置"类型"为"线性"，在渐变矩形条下方 36%、50% 和 80% 位置处添加 3 个渐变滑块，设置 0%、36%、50%、80% 和 100% 位置处滑块的颜色分别为红色（CMYK 颜色参考值分别为 20、100、100、0）、橙色（CMYK 颜色参考值分别为 0、30、100、0）、黄色（CMYK 颜色参考值分别为 0、15、100、0）、橙色（CMYK 颜色参考值分别为 0、30、100、0）和红色（CMYK 颜色参考值分别为 0、90、100、0），并设置"角度"为 90 度，为矩形填充渐变色，效果如图 14-35 所示。

（3）使用工具箱中的矩形工具，在图像编辑窗口中的合适位置绘制一个矩形，设置"填充"为土黄色（CMYK 颜色参考值分别为 38、38、75、0），效果如图 14-36 所示。

（4）将绘制的土黄色矩形进行复制粘贴，并调整位置和大小，填充颜色为橄榄绿（CMYK 颜色参考值分别为 50、50、100、0），效果如图 14-37 所示。

（5）选取工具箱中的矩形工具，绘制一个小矩形，设置"填充"为橄榄绿（CMYK 颜色参考值分别为 50、50、100、0），如图 14-38 所示。

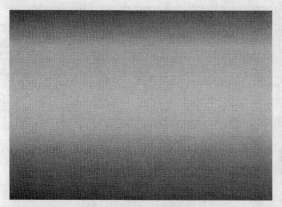

图 14-35　绘制并渐变填充矩形

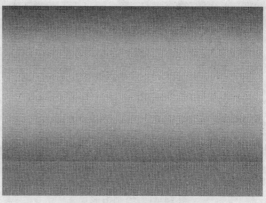

图 14-36　绘制并填充矩形

图 14-37　绘制并填充矩形

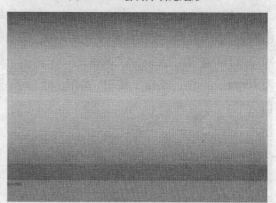

图 14-38　绘制并填充小矩形

（6）用同样的方法绘制并填充其他矩形，效果如图 14-39 所示。

（7）单击"文件"|"打开"命令，打开一幅素材图形，并将其复制粘贴至屋顶风情插画制作窗口中，如图 14-40 所示。

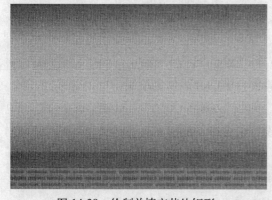

图 14-39　绘制并填充其他矩形

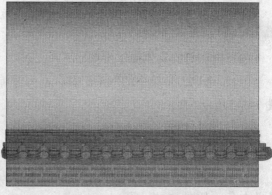

图 14-40　复制并粘贴图形

（8）选取工具箱中的矩形工具，在素材图形上方绘制一个矩形，如图 14-41 所示。

（9）按住【Shift】键的同时，使用选择工具依次选择绘制的矩形和素材图形，并在其上单击鼠标右键，在弹出的快捷菜单中选择"建立剪切蒙版"选项，创建剪切蒙版，效果如图 14-42 所示。

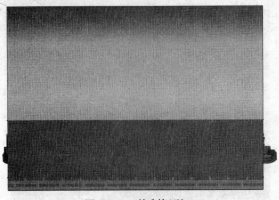

图 14-41　绘制矩形

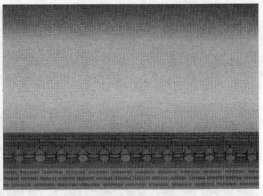

图 14-42　创建剪切蒙版

　　（10）选取工具箱中的椭圆工具，在图像编辑窗口中的合适位置绘制一个正圆，填充颜色为黄色（CMYK 颜色参考值分别为 0、0、100、0），如图 14-43 所示。

　　（11）单击"效果"|"风格化"|"羽化"命令，弹出"羽化"对话框，设置"羽化半径"为 10mm，单击"确定"按钮，羽化椭圆，效果如图 14-44 所示。

图 14-43　绘制并填充正圆

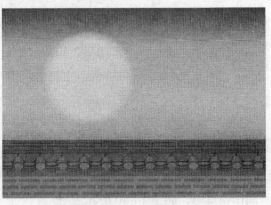

图 14-44　应用"羽化"效果

### 14.2.3　绘制树和灯

　　绘制树和灯的具体操作步骤如下：

　　（1）选取工具箱中的钢笔工具，在图像编辑窗口中的合适位置绘制一个闭合路径，如图 14-45 所示。

　　（2）保持绘制的闭合路径处于选中状态，设置闭合路径的填充颜色为黑色，效果如图 14-46 所示。

　　（3）选取工具箱中的椭圆工具，在图像编辑窗口中的合适位置绘制一个正圆，填充颜色为白色，如图 14-47 所示。

　　（4）单击"对象"|"排列"|"后移一层"命令，调整白色正圆的叠放顺序，效果如图 14-48 所示。

　　（5）选取工具箱中的钢笔工具，在图像编辑窗口中的合适位置绘制一个闭合路径，设置"填充"为褐色（CMYK 颜色参考值分别为 55、60、100、45），如图 14-49 所示。

（6）用同样的方法在褐色图形上绘制其他闭合路径，设置"填充"为浅褐色（CMYK颜色参考值分别为 50、50、100、0），效果如图 14-50 所示。

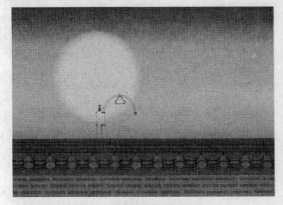

图 14-45 绘制闭合路径

图 14-46 填充闭合路径

图 14-47 绘制并填充正圆

图 14-48 调整正圆的叠放顺序

图 14-49 绘制并填充路径

图 14-50 绘制并填充其他闭合路径

（7）单击"文件"|"打开"命令，打开一幅素材图形，并将素材图形复制粘贴至屋顶风情插画制作窗口中，如图 14-51 所示。

（8）将粘贴的素材图形再进行复制粘贴，并调整其位置，效果如图 14-52 所示。

（9）选取工具箱中的钢笔工具，在图像编辑窗口中的合适位置绘制一个闭合路径，如图 14-53 所示。

（10）保持闭合路径处于选中状态，设置闭合路径的填充颜色为绿色（CMYK 颜色参考值分别为 100、50、100、0），效果如图 14-54 所示。

图 14-51　打开并复制粘贴素材图形

图 14-52　复制并调整素材图形

图 14-53　绘制闭合路径

图 14-54　填充闭合路径

（11）使用钢笔工具，在绿色叶子的上方绘制一个闭合路径，如图 14-55 所示。

（12）设置闭合路径的填充颜色为草绿色（CMYK 颜色参考值分别为 50、0、100、0），效果如图 14-56 所示。

图 14-55　绘制闭合路径

图 14-56　填充闭合路径

（13）将绘制的绿色叶子和叶子上的路径进行编组，并将编组后的图形进行复制粘贴，调整其至合适位置和大小，效果如图 14-57 所示。

（14）用同样的方法，复制并调整其他叶子图形，效果如图 14-58 所示。至此，完成屋顶风情效果的制作。

图 14-57　编组、复制并调整叶子　　　　　图 14-58　复制并调整其他叶子

## 14.3　风景插画——农家小屋

本实例设计的是一幅农家小屋风景插画，整幅画面设计色彩干净清爽，造型设计简洁，引人入胜。

### 14.3.1　预览实例效果

实例效果如图 14-59 所示。

图 14-59　风景插画之农家小屋

### 14.3.2　绘制草地和天空

绘制草地和天空的具体操作步骤如下：

（1）单击"文件"|"新建"命令，新建一个"宽度"和"高度"分别为 225mm 和 169mm 的空白文件。

（2）选取工具箱中的矩形工具，绘制一个与页面大小相同的矩形。在"渐变"面板中，设置"类型"为"线性"，渐变矩形条下方两个渐变滑块的颜色分别为白色和蓝色（CMYK颜色参考值分别为 87、2、0、0），并设置"角度"为 90 度，为矩形填充渐变色，效果如图 14-60 所示。

（3）选取工具箱中的钢笔工具，绘制一个闭合路径，如图 14-61 所示。

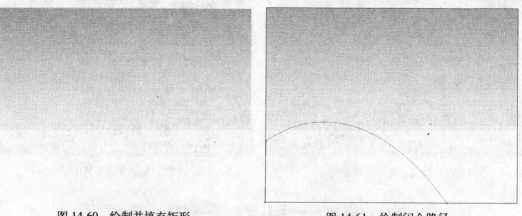

　　图 14-60　绘制并填充矩形　　　　　　　　　图 14-61　绘制闭合路径

（4）将绘制的闭合路径进行渐变填充，在"渐变"面板中，设置"类型"为"线性"，将渐变矩形条下方两个滑块分别移至 10% 和 85% 位置，分别设置为黄色（CMYK 颜色参考值分别为 5、3、77、0）和绿色（CMYK 颜色参考值分别为 50、5、96、0），并设置"角度"为 100 度，效果如图 14-62 所示。

（5）用同样的方法绘制并填充另外一个闭合路径，效果如图 14-63 所示。

　　图 14-62　填充闭合路径　　　　　　　　图 14-63　绘制并填充另一个闭合路径

（6）选取工具箱中的椭圆工具，在图像编辑窗口中的合适位置绘制一个椭圆，使用吸管工具吸取草地上的颜色，将椭圆进行渐变填充，并在"渐变"面板中设置"角度"为-38 度，如图 14-64 所示。

（7）选取工具箱中的矩形工具，在椭圆下方绘制一个合适大小的矩形，填充其颜色为褐色（CMYK 颜色参考值分别为 21、42、76、7），并将矩形置于椭圆的下方，效果如图 14-65 所示。

图 14-64　绘制并填充椭圆

图 14-65　绘制并调整矩形

（8）选取工具箱中的钢笔工具，在矩形的右下角绘制一个闭合路径。在"渐变"面板中，设置"类型"为"线性"，将渐变矩形条下方两个渐变滑块分别移动到 10%和 85%位置，并分别设置为橙色（CMYK 颜色参考值分别为 1、32、90、0）和淡橙色（CMYK 颜色参考值分别为 4、12、20、0），为闭合路径填充渐变色。单击"窗口"|"透明度"命令，弹出"透明度"面板，设置"混合模式"为"正片叠底"、"不透明度"为 49%，为渐变图形添加透明效果，如图 14-66 所示。

（9）将绘制的椭圆、矩形和渐变图形进行编组，按住【Alt】键的同时拖曳鼠标，复制并移动树的图形，并对其进行调整，如图 14-67 所示。

图 14-66　绘制并填充闭合路径

图 14-67　复制并移动树的图形

（10）用同样的方法复制其他树的图形，效果如图 14-68 所示。

（11）选取工具箱中的钢笔工具，在图像编辑窗口中的合适位置绘制一个闭合路径，如图 14-69 所示。

（12）为绘制的闭合路径进行渐变填充，在"渐变"面板中，设置"类型"为"线性"，渐变矩形条下方两个渐变滑块的颜色分别为白色和蓝色（CMYK 颜色参考值分别为 87、2、0、0），并设置"角度"为 78 度，如图 14-70 所示。

（13）将渐变填充的图形进行复制，并调整位置和大小，效果如图 14-71 所示。

图 14-68　复制其他树的图形

图 14-69　绘制闭合路径

图 14-70　填充闭合路径

图 14-71　复制并调整图形

（14）用同样的方法复制并调整其他的图形，效果如图 14-72 所示。

（15）选取工具箱中的椭圆工具，绘制一个白色的正圆，并调整图层的叠放顺序，效果如图 14-73 所示。

图 14-72　复制并调整其他图形

图 14-73　绘制正圆并调整图层顺序

### 14.3.3　绘制房子和围栏

绘制房子和围栏的具体操作步骤如下：

（1）选取工具箱中的钢笔工具，在图像编辑窗口中的合适位置绘制一个闭合路径，设置"填充"为蓝色（CMYK 颜色参考值分别为 100、50、0、0），效果如图 14-74 所示。

（2）用同样的方法绘制另外一个闭合路径，并进行相应的填充，效果如图 14-75 所示。

图 14-74  绘制并填充闭合路径

图 14-75  绘制并填充另一个闭合路径

（3）选取工具箱中的钢笔工具，绘制一个闭合路径，填充其颜色为黄色（CMYK 颜色参考值分别为 5、6、64、0），如图 14-76 所示。

（4）将绘制的路径置于蓝色图形的下方，效果如图 14-77 所示。

图 14-76  绘制并填充路径

图 14-77  调整图层叠放顺序

（5）使用钢笔工具绘制另外一个闭合路径，设置"填充"为浅黄色（CMYK 颜色参考值分别为 5、2、44、0），如图 14-78 所示。

（6）将绘制的浅黄色图形置于蓝色图形的下方，效果如图 14-79 所示。

图 14-78  绘制并填充闭合路径

图 14-79  调整图层叠放顺序

（7）使用钢笔工具，在图像编辑窗口中的合适位置绘制一个闭合路径，设置"填充"为橙色（CMYK 颜色参考值分别为 4、39、91、0），如图 14-80 所示。

（8）将所绘制的橙色图形进行复制，并调整其至合适位置，效果如图 14-81 所示。

图 14-80　绘制并填充闭合路径

图 14-81　复制并调整图形

（9）用同样的方法绘制另外一个闭合路径，并填充其颜色为橙色，如图 14-82 所示。

（10）将所绘制的橙色图形进行复制，并调整其至合适位置，效果如图 14-83 所示。

图 14-82　绘制闭合路径

图 14-83　复制并调整图形

（11）选取工具箱中的钢笔工具，在图像编辑窗口中的合适位置绘制一个闭合路径，使用吸管工具吸取渐变绿草地上的颜色，对闭合路径进行渐变填充，并设置渐变"角度"为-105 度，效果如图 14-84 所示。

（12）在"透明度"面板中设置"混合模式"为"正片叠底"，为其添加透明效果，如图 14-85 所示。

（13）调整透明图形的叠放顺序，效果如图 14-86 所示。

（14）用同样的方法绘制另外一个房子图形，效果如图 14-87 所示。

（15）选取工具箱中的钢笔工具，在图像编辑窗口中的合适位置绘制一个闭合路径，设置"填充"为白色，如图 14-88 所示。

（16）将绘制的白色图形进行复制，并调整其大小，放至合适位置，效果如图 14-89 所示。

图 14-84 绘制并填充闭合路径

图 14-85 设置混合模式

图 14-86 调整图层叠放顺序

图 14-87 绘制另一个房子图形

图 14-88 绘制并填充闭合路径

图 14-89 复制并调整白色图形

（17）选取工具箱中的钢笔工具，绘制一个白色的闭合路径，如图 14-90 所示。

（18）用同样的方法绘制另外 3 个闭合路径，效果如图 14-91 所示。

（19）使用选择工具，选择所有绘制的围栏，将其进行编组，并将编组后的图形进行复制，调整其位置和大小，效果如图 14-92 所示。

（20）使用选择工具，选择房子两边的围栏，单击"对象"|"编组"命令，将围栏图形进行编组，如图 14-93 所示。

图 14-90　绘制闭合路径

图 14-91　绘制另外三个闭合路径

图 14-92　复制并调整图形

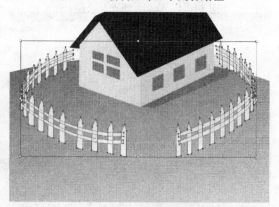

图 14-93　编组图形

（21）按住【Alt】键拖曳鼠标，复制并移动围栏图形，并调整其大小，放至合适位置，如图 14-94 所示。

（22）调整复制围栏的叠放顺序，效果如图 14-95 所示。至此，完成农家小屋效果的制作。

图 14-94　复制并移动图形

图 14-95　调整图层叠放顺序

# 第 *15* 章　实物插画

　　实物插画是以简单的图形表现复杂的实物效果，此类图形真实、简洁，极具实物代表性，已成为商业广告中的一枝独秀，尤其深受广大青少年的喜爱。本章通过制作学习用品、学士帽和奖状以及指示标 3 个实例，详细介绍实物插画设计的技法。

## 15.1　实物插画——学习用品 ➲

　　本实例设计的是一幅学习用品实物插画，画面设计简单，且实物表现真实，极具代表性。

### 15.1.1　预览实例效果

　　实例效果如图 15-1 所示。

图 15-1　实物插画之学习用品

### 15.1.2　绘制笔记本

　　绘制笔记本的具体操作步骤如下：

　　（1）单击"文件"|"新建"命令，新建一个横向的空白文件。

　　（2）选取工具箱中的矩形工具，绘制一个与页面大小相同的矩形，单击工具属性栏中的填充色块，在弹出的面板中选择"圆点花纹图案"选项，将绘制的矩形进行填充，效果如图 15-2 所示。

　　（3）选取工具箱中的钢笔工具，在图像编辑窗口中的合适位置单击鼠标左键，创建一个锚点，将鼠标指针移至另一位置并拖曳鼠标，绘制一条曲线，如图 15-3 所示。

　　（4）用同样的方法依次创建其他锚点，绘制出一个闭合路径，如图 15-4 所示。

　　（5）将绘制的闭合路径进行填充，设置"填充"为绿色（CMYK 颜色参考值分别为 85、10、100、10），效果如图 15-5 所示。

图 15-2　绘制并填充矩形

图 15-3　绘制曲线

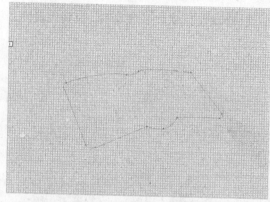

图 15-4　绘制闭合路径

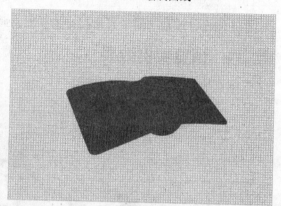

图 15-5　填充颜色

（6）选取工具箱中的钢笔工具，在图像编辑窗口中的合适位置绘制一个闭合路径，如图 15-6 所示。

（7）设置"填充"为绿色（CMYK 颜色参考值分别为 91、0、100、0），为闭合路径填充绿颜色，并调整图层叠放顺序，效果如图 15-7 所示。

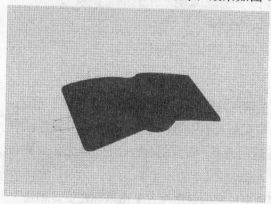

图 15-6　绘制闭合路径

图 15-7　填充颜色并调整图层顺序

（8）选取工具箱中的钢笔工具，绘制一个闭合路径，设置"填充"为绿色（CMYK 颜色参考值分别为 93、14、100、4），如图 15-8 所示。

（9）用同样的方法绘制另外一个闭合路径，并填充相应的颜色，效果如图 15-9 所示。

图 15-8　绘制并填充闭合路径

图 15-9　绘制并填充另一个闭合路径

（10）选取工具箱中的椭圆工具，在图像编辑窗口中的合适位置绘制一个椭圆，设置"填充"为黄色（CMYK 颜色参考值分别为 1、17、94、0），效果如图 15-10 所示。

（11）选取工具箱中的钢笔工具，在椭圆上方绘制一个闭合路径，设置"填充"为绿色（CMYK 颜色参考值分别为 93、14、100、4），效果如图 15-11 所示。

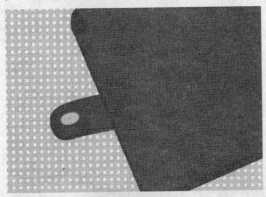

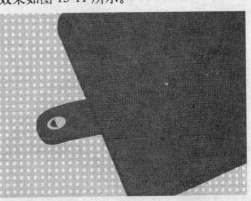

图 15-10　绘制并填充椭圆

图 15-11　绘制并填充闭合路径

（12）用同样的方法绘制并填充另外一个闭合路径，效果如图 15-12 所示。

（13）选取工具箱中的钢笔工具，绘制一个闭合路径，设置"填充"为灰色（CMYK 颜色参考值分别为 0、0、0、72），单击"窗口"|"透明度"命令，弹出"透明度"面板，从中设置"混合模式"为"正片叠底"、"不透明度"为 21%，效果如图 15-13 所示。

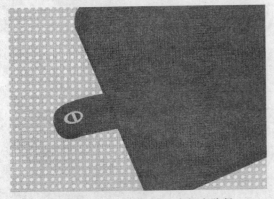

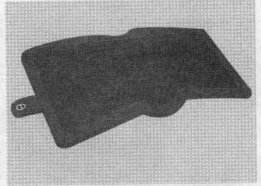

图 15-12　绘制并填充另一个闭合路径

图 15-13　填充闭合路径并调整不透明度

（14）选取工具箱中的钢笔工具，在图像编辑窗口中的合适位置绘制一个闭合路径，设置"填充"为灰色（CMYK 颜色参考值分别为 0、0、0、28），效果如图 15-14 所示。

（15）用同样的方法绘制并填充另外两个闭合路径，效果如图 15-15 所示。

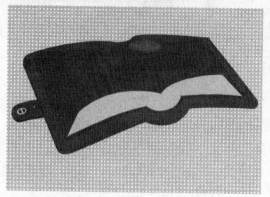
图 15-14　绘制并填充闭合路径

图 15-15　绘制并填充另两个闭合路径

（16）选取工具箱中的钢笔工具，在图像编辑窗口中的合适位置绘制一个白色的闭合路径，如图 15-16 所示。

（17）用同样的方法绘制另外 3 个闭合路径，并填充相应的颜色，效果如图 15-17 所示。

图 15-16　绘制并填充闭合路径

图 15-17　绘制另外 3 个闭合路径

（18）使用工具箱中的钢笔工具，绘制一个小的闭合路径，设置"填充"为灰色（CMYK 颜色参考值分别为 0、0、0、50），如图 15-18 所示。

（19）用同样的方法绘制另外两个闭合路径，并填充相应的颜色，效果如图 15-19 所示。

图 15-18　绘制并填充闭合路径

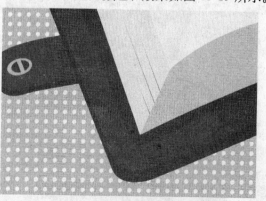
图 15-19　绘制并填充另两个闭合路径

### 15.1.3 绘制羽毛和墨水

绘制羽毛和墨水的具体操作步骤如下：

（1）选取工具箱中的椭圆工具，在图像编辑窗口中的合适位置绘制一个椭圆。在"渐变"面板中，设置"类型"为"径向"，并设置渐变矩形条下方两个渐变滑块的颜色分别为浅灰色（CMYK 颜色参考值分别为 0、0、0、33）和灰色（CMYK 颜色参考值分别为 0、0、0、66），为椭圆填充渐变色，如图 15-20 所示。

（2）用同样的方法绘制另外一个椭圆，并进行相应的填充，效果如图 15-21 所示。

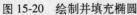

图 15-20　绘制并填充椭圆　　　　　　　图 15-21　绘制并填充另外一个椭圆

（3）选取工具箱中的钢笔工具，在图像编辑窗口中的合适位置绘制一个闭合的路径。在"渐变"面板中，设置"类型"为"线性"，设置渐变矩形条下方两个渐变滑块的颜色分别为白色和灰色（CMYK 颜色参考值分别为 0、0、0、20），并设置"角度"为-144 度，为闭合路径填充渐变色。在"透明度"面板中设置"不透明度"为 70%，效果如图 15-22 所示。

（4）使用钢笔工具，绘制一个闭合路径，在"渐变"面板中，设置"类型"为"线性"，并设置渐变矩形条下方两个渐变滑块的颜色分别为浅灰色（CMYK 颜色参考值分别为 0、0、0、15）和灰色（CMYK 颜色参考值分别为 0、0、0、51），为闭合路径填充渐变色，效果如图 15-23 所示。

图 15-22　绘制并设置闭合路径　　　　　　图 15-23　绘制并填充闭合路径

（5）选取工具箱中的钢笔工具，绘制一个闭合路径。在"渐变"面板中，设置"类型"

为"线性"，设置渐变矩形条下方两个渐变滑块的颜色分别为橙色（CMYK 颜色参考值分别为 2、50、93、0）和褐色（CMYK 颜色参考值分别为 35、74、95、30），并设置"角度"为30 度，为闭合路径填充渐变色，效果如图 15-24 所示。

（6）用同样的方法绘制另外一个闭合路径，并设置相应的颜色，效果如图 15-25 所示。

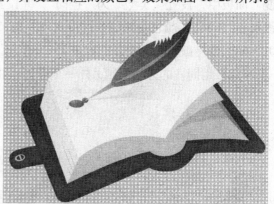

图 15-24　绘制并填充闭合路径　　　　　　　图 15-25　绘制并填充另一个闭合路径

（7）选取工具箱中的钢笔工具，在图像编辑窗口中的合适位置绘制一个闭合路径，设置"填充"为黄色（CMYK 颜色参考值分别为 1、19、94、0），效果如图 15-26 所示。

（8）用同样的方法绘制另外两个闭合路径，并填充相应的颜色，效果如图 15-27 所示。

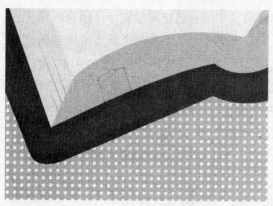
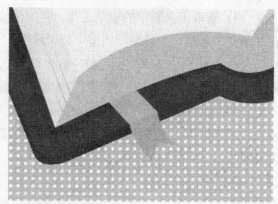

图 15-26　绘制并填充闭合路径　　　　　　　图 15-27　绘制并填充另外两个闭合路径

（9）使用钢笔工具绘制一个闭合路径，设置"填充"为灰色（CMYK 颜色参考值分别为 0、0、0、28），并在"透明度"面板中设置"混合模式"为"正片叠底"，效果如图 15-28所示。

（10）选取工具箱中的钢笔工具，绘制一个闭合路径，设置"填充"为灰色（CMYK 颜色参考值分别为 0、0、0、13），如图 15-29 所示。

（11）用同样的方法绘制并填充另外两个闭合路径，效果如图 15-30 所示。

（12）选取工具箱中的钢笔工具，绘制一个闭合路径。在"渐变"面板中，设置"类型"为"线性"，设置渐变矩形条下方两个渐变滑块的颜色分别为浅灰色（CMYK 颜色参考值分别为 0、0、0、29）和灰色（CMYK 颜色参考值分别为 0、0、0、53），并设置"角度"为

第 15 章 实物插画

75 度，为闭合路径填充渐变色，效果如图 15-31 所示。

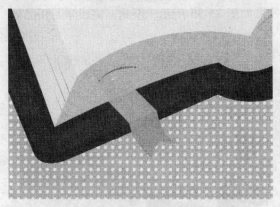

图 15-28 绘制并设置闭合路径

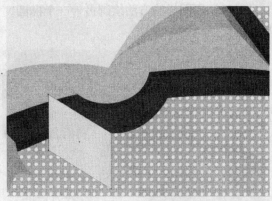

图 15-29 绘制并填充闭合路径

图 15-30 绘制并填充另外两个闭合路径

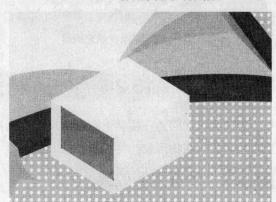

图 15-31 绘制并填充闭合路径

（13）用同样的方法绘制另外两个闭合路径，并进行相应的填充，效果如图 15-32 所示。

（14）选取工具箱中的钢笔工具，在图像编辑窗口中的合适位置绘制一个闭合路径，作为瓶盖的一部分。在"渐变"面板中设置"类型"为线性，并设置渐变矩形条下方的两个渐变滑块的颜色分别为蓝色（CMYK 颜色参考值分别为 92、0、2、0）和深蓝色（CMYK 颜色参考值分别为 94、47、0、0），为闭合路径填充渐变色，效果如图 15-33 所示。

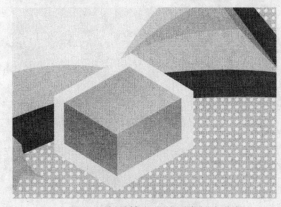

图 15-32 绘制并填充另外两个闭合路径

图 15-33 绘制并填充闭合路径

（15）选取工具箱中的椭圆工具，绘制一个椭圆，使用吸管工具，吸取步骤（4）中图形的渐变颜色，并在"渐变"面板中设置"角度"为 90 度，效果如图 15-34 所示。

（16）用同样的方法绘制另外一个椭圆，效果如图 15-35 所示。至此，完成学习用品效果的制作。

图 15-34　绘制并渐变填充椭圆

图 15-35　绘制并渐变填充另一个椭圆

## 15.2　实物插画——学士帽和奖状

本实例设计的是一幅学士帽和奖状的实物插画，画面以橙色为主色调，真实地反映了学士帽和奖状的实物形象。

### 15.2.1　预览实例效果

实例效果如图 15-36 所示。

图 15-36　实物插画之学士帽和奖状

### 15.2.2　绘制学士帽

绘制学士帽的具体操作步骤如下：

（1）单击"文件"|"新建"命令，新建一个横向的空白文件。

（2）选取工具箱中的钢笔工具，绘制一个闭合路径，如图 15-37 所示。

图 15-37　绘制闭合路径

（3）在"渐变"面板中，设置"类型"为"线性"，并设置渐变矩形条下方两个渐变滑块的颜色分别为橙色（CMYK 颜色参考值分别为 2、37、70、0）和褐色（CMYK 颜色参考值分别为 20、58、96、6），然后设置"角度"为 163 度，将绘制的闭合路径进行渐变填充，效果如图 15-38 所示。

（4）使用钢笔工具，绘制一个闭合路径。选取工具箱中的吸管工具，在先前绘制并渐变填充的闭合路径上单击鼠标左键以吸取颜色，并在"渐变"面板上设置"角度"为 107 度，效果如图 15-39 所示。

（5）用同样的方法绘制另外一个闭合路径，并填充相应的渐变颜色，效果如图 15-40 所示。

图 15-38　渐变填充闭合路径　　图 15-39　绘制并填充闭合路径　图 15-40　绘制并填充另一个闭合路径

（6）选取工具箱中的钢笔工具，在图像编辑窗口中的合适位置绘制一个闭合路径，使用吸管工具，吸取步骤（4）中渐变填充的闭合路径的颜色，并在"渐变"面板中设置"角度"为 66 度，为闭合路径填充相应的渐变色，效果如图 15-41 所示。

（7）用同样的方法绘制另外一个闭合路径，并进行相应的设置，效果如图 15-42 所示。

（8）选取工具箱中的钢笔工具，在图像编辑窗口中的合适位置绘制一个闭合路径，使用吸管工具吸取先前填充的渐变色，并在"渐变"面板中设置"角度"为 156 度，为闭合路径填充相应的渐变色，效果如图 15-43 所示。

图 15-41　绘制并设置闭合路径　图 15-42　绘制并设置另一个闭合路径　图 15-43　绘制并渐变填充闭合路径

（9）选取工具箱中的椭圆工具，绘制一个椭圆。在"渐变"面板中，设置"类型"为"径向"，并设置渐变矩形条下方两个渐变滑块的颜色分别为褐色（CMYK 颜色参考值分别为 33、75、97、25）和深褐色（CMYK 颜色参考值分别为 44、64、96、55），为椭圆填充渐变颜色，效果如图 15-44 所示。

（10）选取工具箱中的钢笔工具，在椭圆的左侧绘制一个闭合路径，使用吸管工具，吸取椭圆形的颜色，并在"渐变"面板中设置"类型"为"线性"，为闭合路径填充渐变色，如图 15-45 所示。

（11）用同样的方法绘制另外两个闭合路径，并填充相应的颜色，效果如图 15-46 所示。

图 15-44 绘制并渐变填充椭圆 图 15-45 绘制并填充闭合路径 图 15-46 绘制并填充另外两个闭合路径

## 15.2.3 绘制奖状

绘制奖状的具体操作步骤如下：

（1）选取工具箱中的钢笔工具，在帽子的右侧绘制一个闭合路径。在"渐变"面板中，设置"类型"为"线性"，并设置渐变矩形条下方两个渐变滑块的颜色分别为土黄色（CMYK 颜色参考值分别为 2、10、20、0）和褐色（CMYK 颜色参考值分别为 27、55、93、15），然后设置"角度"为 108 度，为闭合路径填充渐变色，效果如图 15-47 所示。

图 15-47 绘制并渐变填充闭合路径

（2）使用钢笔工具，绘制另外一个闭合路径。选取工具箱中的吸管工具吸取上一操作步骤中的渐变色，并在"渐变"面板中设置"角度"为 -68 度，为闭合路径填充渐变色，效果如图 15-48 所示。

（3）用同样的方法绘制一个闭合路径，并进行相应的填充，效果如图 15-49 所示。

（4）选取工具箱中的钢笔工具，绘制一个闭合路径。在"渐变"面板中，设置"类型"为"线性"，并将渐变矩形条下方两个渐变滑块的颜色分别设置为橙色（CMYK 颜色参考值分别为 2、70、91、0）和红色（CMYK 颜色参考值分别为 25、95、93、12），然后设置"角度"为 -45 度，为闭合路径填充渐变色，效果如图 15-50 所示。

图 15-48 绘制并渐变填充另一闭合路径 图 15-49 绘制并填充闭合路径 图 15-50 绘制并填充另一闭合路径

（5）选取工具箱中的椭圆工具，绘制一个白色的正圆，如图 15-51 所示。

（6）使用椭圆工具，再绘制一个正圆，并填充颜色为橙色（CMYK 颜色参考值分别为 0、35、85、0），效果如图 15-52 所示。

（7）选取工具箱中的钢笔工具，绘制一个闭合路径，使用吸管工具，吸取先前填充的橙红渐变色，并设置"角度"为 121 度，为闭合路径填充渐变色，效果如图 15-53 所示。

图 15-51　绘制并填充正圆　　　图 15-52　绘制并填充正圆　　　图 15-53　绘制并渐变填充闭合路径

　　（8）重复单击"对名胜"｜"排列"｜"后移一层"命令，调整绘制图形的叠放顺序，效果如图 15-54 所示。

　　（9）选取工具箱中的钢笔工具，绘制一个闭合路径，设置"填充"为白色，并调整图层叠放顺序，如图 15-55 所示。

　　（10）将步骤（7）和步骤（9）中绘制的图形进行编组，对编组后的图形进行复制，并调整其位置，效果如图 15-56 所示。至此，完成学士帽和奖状效果的制作。

图 15-54　调整图形叠放顺序　　　图 15-55　绘制并填充闭合路径　　　图 15-56　复制并调整图形

## 15.3　实物插画——指示标 ➡

　　本实例设计的是一幅指示标实物插画，画面以绿色为主色调，取材新颖，设计独特。

### 15.3.1　预览实例效果

　　实例效果如图 15-57 所示。

图 15-57　实物插画之指示标

## 15.3.2 绘制指示标

绘制指示标的具体操作步骤如下：

（1）单击"文件"|"新建"命令，新建一个横向的空白文件。

（2）选取工具箱中的矩形工具，在图像编辑窗口中的合适位置绘制一个矩形，设置"填充"为绿色（CMYK 颜色参考值分别为 58、20、94、15），效果如图 15-58 所示。

（3）选取工具箱中的直接选择工具，选择矩形右上角的锚点，并在向下拖曳鼠标的过程中按住【Shift】键，即可调整锚点的位置，效果如图 15-59 所示。

（4）用同样的方法调整矩形左下角的锚点，效果如图 15-60 所示。

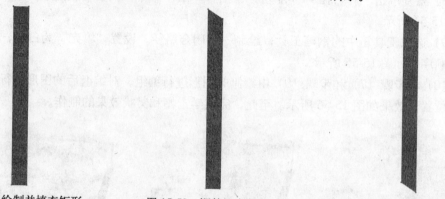

图 15-58　绘制并填充矩形　　　　图 15-59　调整锚点位置　　　　图 15-60　调整锚点位置

（5）使用选择工具选中调整后的图形，单击"对象"|"变换"|"对称"命令，弹出"镜像"对话框，选中"水平"单选按钮，并单击"复制"按钮，镜像并复制图形，然后调整图形的位置，并设置"填充"为墨绿色（CMYK 颜色参考值分别为 62、41、94、31），效果如图 15-61 所示。

（6）选取工具箱中的钢笔工具，在图形的顶端绘制一个闭合路径，设置"填充"为草绿色（CMYK 颜色参考值分别为 55、2、95、0），效果如图 15-62 所示。

（7）使用钢笔工具，在图像编辑窗口中的合适位置绘制一个闭合路径，使用吸管工具，在先前绘制的墨绿色图形上单击鼠标左键，吸取颜色，效果如图 15-63 所示。

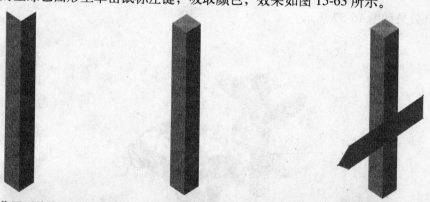

图 15-61　镜像图形并移动位置　　图 15-62　绘制并填充闭合路径　　图 15-63　绘制并填充另一闭合路径

（8）使用工具箱中的钢笔工具，在图形的左侧绘制一个闭合路径，设置"填充"为草绿色，如图 15-64 所示。

（9）用同样的方法绘制另一个闭合路径，并将其填充为草绿色，效果如图 15-65 所示。

（10）选取工具箱中的钢笔工具，在图像编辑窗口中的合适位置绘制一个箭头图形，设置"填充"为草绿色，效果如图 15-66 所示。

图 15-64　绘制并填充闭合路径　　图 15-65　绘制并填充另一个闭合路径　　图 15-66　绘制并填充箭头图形

（11）使用钢笔工具，绘制一个指向左上方的图形，设置"填充"为绿色（CMYK 颜色参考值分别为 68、33、100、0），效果如图 15-67 所示。

（12）选取工具箱中的钢笔工具，绘制一个闭合路径，设置"填充"为草绿色，如图 15-68 所示。

（13）用同样的方法绘制另一个闭合路径，并设置"填充"为墨绿色，效果如图 15-69 所示。

图 15-67　绘制并填充图形　　　图 15-68　绘制并填充闭合路径　　图 15-69　绘制并填充另一个闭合路径

（14）选取工具箱中的钢笔工具，在图形的左上角绘制一个闭合路径，设置"填充"为草绿色，效果如图 15-70 所示。

（15）使用钢笔工具，绘制一个箭头图形，并设置"填充"为草绿色，效果如图 15-71 所示。

（16）选取工具箱中的钢笔工具，绘制一个指向右上角的闭合路径，填充其颜色为墨绿色，效果如图 15-72 所示。

图 15-70　绘制并填充闭合路径 1　　图 15-71　绘制并填充箭头图形　　图 15-72　绘制并填充闭合路径 2

（17）用同样的方法绘制另一个闭合路径，设置"填充"为草绿色，效果如图 15-73 所示。

（18）使用钢笔工具，在图形的右上角绘制一个闭合路径，并设置"填充"为草绿色，如图 15-74 所示。

（19）用同样的方法绘制另外一个闭合路径，设置"填充"为绿色（CMYK 颜色参考值分别为 58、20、94、15），效果如图 15-75 所示。

图 15-73　绘制并填充闭合路径 3　　图 15-74　绘制并填充闭合路径 4　　图 15-75　绘制并填充闭合路径 5

（20）选取工具箱中的钢笔工具，绘制一个指向右上角的箭头，设置"填充"为草绿色，效果如图 15-76 所示。

（21）单击"文件"丨"打开"命令，打开一幅素材图形，将打开的素材图形复制粘贴至指示标绘制窗口中，并调整其位置，效果如图 15-77 所示。至此，完成指示标效果的制作。

图 15-76　绘制箭头图形　　　　　　图 15-77　打开并复制、粘贴图形

# 附 录 习题参考答案

## 第1章

**一、填空题**

1．平面设计

2．AI

3．AI PSD JPEG BMP SWF

**二、简答题**

（略）

## 第2章

**一、填空题**

1．向上 向下 空格键

2．直线段工具 弧形工具 矩形网格工具

3．透镜 日光

**二、简答题**

（略）

## 第3章

**一、填空题**

1．"颜色"面板 吸管工具

2．"线性"渐变

3．两个以上形状

**二、简答题**

（略）

## 第4章

**一、填空题**

1．F7

2．Ctrl 合并所选图层

3．16

**二、简答题**

（略）

## 第5章

**一、填空题**

1．文字工具 区域文字工具 直排路径文字工具

2．指定的区域 3．闭合路径

**二、简答题**

（略）

## 第6章

**一、填空题**

1．扭拧 收缩和膨胀 粗糙化

2．向内

3．手绘

**二、简答题**

（略）

## 第7章

**一、填空题**

1．Shift＋Ctrl＋F11

2．图表类型

3．线段 辨别数据数值变化

**二、简答题**

（略）